つながらない覚悟

被孤立的勇气

破解内耗的阿德勒心理学课

[日] 岸见一郎 著

何慈毅 译

北京联合出版公司
Beijing United Publishing Co.,Ltd.

图书在版编目（CIP）数据

被孤立的勇气 /（日）岸见一郎著；何慈毅译. -- 北京：北京联合出版公司，2025. 8. -- ISBN 978-7 -5596-8471-4

Ⅰ．B84-49

中国国家版本馆 CIP 数据核字第 2025HS9068 号

北京市版权局著作权合同登记　图字：01-2025-2689 号

TSUNAGARANAI KAKUGO
Copyright © 2023 by Ichiro KISHIMI
All rights reserved.
Original Japanese edition published by PHP Institute, Inc.
Simplified Chinese translation rights arranged with PHP Institute, Inc.

被孤立的勇气

作　　者：[日]岸见一郎
译　　者：何慈毅
出 品 人：赵红仕
责任编辑：管　文
产品经理：张金蓉　袁依萌　姚晨阳
封面设计：门乃婷工作室
排版设计：刘龄蔓

北京联合出版公司出版
（北京市西城区德外大街 83 号楼 9 层 100088）
三河市嘉科万达彩色印刷有限公司印刷　新华书店经销
字数 150 千字　880 毫米 × 1230 毫米　1/32　8.125 印张
2025 年 8 月第 1 版　2025 年 8 月第 1 次印刷
ISBN 978-7-5596-8471-4
定价：55.00 元

版权所有，侵权必究
未经书面许可，不得以任何方式转载、复制、翻印本书部分或全部内容。
本书若有质量问题，请与本公司图书销售中心联系调换。电话：（010）82069336

前　言

你过自己的人生就好，不必活得和大家一样

当有人很友善地接近我时，我心里就会想：他是不是对我有什么企图呢？就算对方看上去很友善，但他是不是在寻找机会让我坠入他的陷阱呢？我觉得即使是现在跟我关系很好的人，不知道什么时候也会离我而去。我并不会经常考虑这样的问题，但是在人际关系方面，总是有点疑神疑鬼，一碰到要与人打交道的事情，我就会觉得很麻烦。

我认识的很多年轻人在人际关系方面，也都表现得不是很积极。**因为人与人交往就会产生摩擦，有时候还会受到伤害。**也许在日常生活中，不会有人问你"是否喜欢自己"，但是，我经常会对前来进行心理咨询的年轻人提出这个问题。大多数人的回答是"不怎么喜欢"，或者"特别讨厌"，**回答说"超级喜欢自己"**

的人，是不会来做心理咨询的。

在现今这个时代，一般认为广交朋友、积极开朗是件好事情。很多年轻人会在社交网络上相互攀比看谁的粉丝多。有人深信，粉丝越多的人越厉害。但是，我在与年轻人的交谈过程中发现，在这种社会风气下，性格开朗、拥有很多朋友的人并不是很多。

有一天，在新干线上，坐在我身边的一个年轻人和我搭话，问我在看什么书。因为最近在电车上看书的人不多见，所以看到邻座的人在看书，人们就会感到很好奇，会想究竟是在看什么书。不过，一般来说，很多人就算看到有人正在认真看书，也不会前去搭话。所以，那个年轻人和我搭话，让我感到挺吃惊的。于是，我把手上这本精神科医生木村敏写的书拿给他看，并且简单介绍了一下书的内容。原以为他是对精神医学的书感兴趣，谁知他开口对我说："我有抑郁症，有人劝我住院治疗，长辈们要求我去适应社会。但是，对我而言，这就意味着去死。我该如何是好呢？"

他虽然没有详细地诉说因由，但我猜测他现在应该是没有工作吧。我跟他说：**你过自己的人生就好，不必活得和大家一样。** 由于我要在京都站下车，就把手头这本书递给了他，然后下车了。

长辈要求后辈进入社会，要多与人交往，要同大家一样思考和行动，没去学校的要去学校，没有工作的要找工作……

也许，对于"活得和大家一样"这件事不抱疑问的人，很难理解这位年轻人所说的去适应社会就意味着去死。但若是对"活得和大家一样"的要求有所抵触的人，就能够理解他所说的"去死"是什么意思了。**如果只为满足他人的期待活着，你就不再是你自己了，无异于"自杀"。**虽然那位年轻人说自己患有抑郁症，但或许是社会上很多对于"活得和大家一样"这件事情毫无疑问的人才是真有病呢。

对于"适应社会""活得和大家一样"有所抵触的人，也并不是一个人生活，但不能说因此就必须与大家保持一样的思考和行动。**秉持着"不要搞特殊"的观念，强行要求别人去适应，这才是令人感到活得辛苦的主要原因。**很多人不觉得这有什么问题，但是对于有的人而言，一旦强制自己去适应社会，与别人发生联系，就会感到很苦恼，觉得"自己已经不是自己了"。

人们并不真正理解"人际关系"的意义

谁都没有想到，新冠疫情会给全世界带来如此巨大的变化。新型冠状病毒的扩散，给了我们一个很好的机会去思考人与人相互关联意味着什么。在那段时间里，我们既不能与远方的家人见面，去医院探视也受到了限制。**能见面时不去见，想见面时又见不了，这二者的意义完全不同。**这样的经历让我们重新认识到了相互联系的重要性，但与此同时，也让我们有机会去重新审视到目前为止存在的人际关系模式。

我们从小就被教育说人际关系非常重要。然而，尽管大家都在说与人保持良好的关系很重要，但是世界上依然是争吵不休，战争不断。**我认为，人们只是一味被告知人际关系很重要，却没有真正理解人际关系的真实意义。**

长年以来，我一直研究奥地利精神科医生阿尔弗雷德·阿德勒[1]的理论，他将"共同体感觉"作为思想理论的核心。**阿德勒认为，人与人天生就是联系在一起的。**但不是说仅仅联系在一起就行了，任何联系都不会自动成立。在本书中，我想探讨的问题就是人与人之间的关联。

进入相互关联这个说法，就好像是我们早就和他人产生联系了，自然而然就能进入相互关系中，其实不然。我儿子在三岁时，有一天郑重其事地问我们："没有我，就你们两个人不寂寞吗？"不久以后，我女儿出生了。现在，我都想不起来没有孩子的时候，每天究竟是怎样度过的。没有孩子的家庭已经不存在

---

[1] 阿尔弗雷德·阿德勒（Alfred Adler，1870—1937），奥地利精神病学家，个体心理学的创始人，著有《自卑与超越》《个体心理学实践与理论》等。——译者注（如无特殊说明，均为译者注）

了。从孩子出生成为家庭一员的时候开始，就产生了新的家庭，刚出生的孩子也将改变家庭的存在形式。

两个人交往的相互关系，在交往之前也是不存在的，是由两个人开始交往后慢慢形成了两个人的相互关系。从时间上来讲，学校、公司在我进去之前就已经存在了，但那是没有我的学校和公司。由于我的进入，我与之前就已经在学校和公司工作的人一起形成了相互关联。

无论什么关系，都不会自动形成。并不是说孩子出生了，就自然形成了良好的亲子关系。即便是与自己喜欢的人交往，也不是马上就能形成良好关系的。**仅凭喜欢是不够的，需要通过某种方式来促进关系。我们必须了解自己想要建立怎样的联系，以及如何让它形成。**

强制性的"关系"

有时候，即使看上去大家关系很好，实质上也只是一种依赖和控制的关系。在这样的情况下，关系的形成是单方面的。

有的时候是人们被强制性地带入关系之中。但现在，我认为特别有问题的是，**人与人的关联受到了强制。**

不做任何努力就不可能建立良好的关系。而从时间上来讲，即使是后加入的人，一旦进入关系之中，也有可能改变家庭、学校、公司的存在形式。**然而，不喜欢变化的人就想让新来的个体去适应现有的相互关系，这就是强制个体去产生关联。**这种强制性关联，一定会让人们感到活得很辛苦。

在现代社会，我们需要有"被孤立的勇气"。这并不是说不去和他人发生联系，而是说要切断不必要的联系，或者说是要切断不适合的关系。

现在还有这样一种趋势，就是想把危害到关系的人排除在关系之外，比如价值观不同的人，或者没有经济价值的人，甚至还有人想把人们聚集到一个不对外开放的、封闭型的关系之中。**这样的人际关系只能是一种"虚伪的关系"。**

在本书中，我首先把"虚伪的关系"究竟是一种怎样的关系梳理清楚，其次阐明如何才能将这种关系变成"真正的关系"，最后探讨如何与自己真正想建立关系的人相处。

目　录

第一章
生于他者，
死于他者

离开他者，我们无法生存　/ 002
逃离人际关系，真的意味着自由吗　/ 005
"物化他人"，是敌对的根源　/ 008
利他是后天习得，还是一种天性　/ 010
越执着自我，越容易冷漠　/ 013

第二章
害怕
被"孤立"，
因为陷入了
依赖

为什么会陷入依赖　/ 016
心理脆弱时就会产生依赖　/ 018
患者对医生的依赖　/ 020
越是被责骂，越是离不开　/ 022
依赖赋予自己属性的人　/ 026
属性赋予造成虚假的关系　/ 030
为了维持表面关系而放弃表达　/ 032

依赖于权威 / 034

学生成绩差是教师的责任 / 037

"必须和大多数人一样"是一种匿名权威 / 039

依赖"正确答案",是教育的缺失 / 041

过分依赖权威,使我们让渡独立思考 / 044

第三章

是谁在操控着你

你的不安情绪,是上位者操纵你的工具 / 048

认为见面才能建立信赖关系是一种错觉 / 050

为了操控你,他们要求"常联系" / 054

没有"集体荣誉"感,不可耻 / 057

为何人们会憎恨"不同" / 060

第四章

虚假的关系会带来真实的痛苦

虚假关系的背后,是"主人"与"仆从" / 064

如何察觉自己正在被操控 / 066

被利用的奥运会 / 068

警惕虚假的自由 / 071

勇于把人际关系重新洗牌 / 073

别做伤害你的人的帮凶 / 076

对不宽容者是否应该宽容 / 079

建立真正的秩序 / 081

第五章

不操控他人，
不奉献自己

什么是真正平等的关系 / 084

停止顺从他人，才能拥有自我 / 086

勇于反对，收获大于代价 / 090

发现自己的顺从，是抗争的第一步 / 092

人生大部分事，根本不需要父母同意 / 094

别再用"自我伤害"向他人效忠 / 097

第六章

直面孤独的
勇气

不要迷信"常识"，那是别人的经验 / 100

停止"物化"自己 / 102

跟随权威，让人产生自我强大的错觉 / 105

被孤立不等于孤独 / 108

质疑，是找回清醒的开始 / 110

敢于指认罪恶，就是捍卫良知 / 114

在愤怒面前，孤独不值一提 / 117

第七章

**拒绝他人，
就是成全自己**

与别人的期待唱反调，不是坏事 / 122

我们不是为了满足谁的期待而工作的 / 125

接不接受你的好意，是别人的事 / 127

我们不是为了讨好他人而活的 / 129

谢谢你的认可，但你没资格评价我 / 132

越是依靠别人指路，越是走投无路 / 134

失败没那么可怕 / 137

就算一事无成，人生也不会变得不幸 / 139

幸福不止一种模样 / 142

第八章

**父母是
一种身份，
不是一种特权**

父母要学会摘下"爱"的面具 / 146

父母要有放手的勇气 / 149

先学会分离，才懂得相处 / 152

"叛逆期"是父母的谎言 / 155

第九章
我们有权不理解

没有良师，只有益友 /160
帮助他人，不是为了满足自恋 /162
接受他人的不完美 /164
要做好一生不被父母理解的准备 /167
舒适的关系，就是彼此"一知半解" /170
努力理解彼此，就是一种爱 /172
强行"理解"，是控制欲在作祟 /174
不要干涉孩子的决定 /177
哲学始于惊讶，恋爱也是 /180
理解不等于我赞同你，或反对你 /183
人是最大的变量 /185
即便无法理解彼此，我们仍可以相互共情 /188

第十章
先谈"我"，再谈"我们"

为了理解，我们要先成为"陌生人" /192
"共同体"不是排除异己的理由 /196
为何我们会对敌人产生同情 /199
脱去铠甲的敌人，同样是肉体凡胎 /202
向"敌人"求救，也是我们的本能 /204

第十一章
渴望排他性的爱，是一种幻觉

为何"独一无二"的爱，总是昙花一现 / 208

爱并非排他性的 / 211

束缚，是爱消亡的开始 / 214

爱不是给予和索取 / 215

控制欲，是爱无能的体现 / 218

唤起共同体感觉 / 222

第十二章
去建立真实的关系

切断关系的勇气 / 226

让你幸福的事，才是重要的事 / 228

活着本身就是价值 / 230

年老意味着被社会孤立吗 / 233

不依赖、不操纵，我们可以彼此共鸣 / 235

勇于求助，也是一种自立 / 237

把他人当成"盟友" / 239

只有真实、平等的关系，才能让我们度过苦难 / 241

参考文献 / 244

第一章

生于他者，
死于他者

离开他者，我们无法生存

人是不可能独自生存的。即使你独立生活，如果完全没有芸芸众生的协助，也是不可能生存的。 与人保持联系，并不是说与某个人在一起的意思。有的时候，即便你身边一个人都没有，你也能感到自己与其他人保持着联系。而有的时候，就算你正和别人在一起，你却一点也感觉不到彼此有什么联系。

德语中有个单词叫"Mitmensch"，它常以复数"Mitmenschen"形式出现，前缀"mit"在英语中的意思就是"with"（与……一起），而"Menschen"是"人们"的意思，所以"Mitmenschen"的本义就是"人与人在一起"。

这个词的反义词是"Gegenmensch"（复数 Gegenmenschen），意思是人与人"相互对立""相互敌对"。两相比较，我们就可以发现 Mitmenschen 不仅仅是指人与人相互有关联，还包含了"靠近""亲密"的意思。因此，我把 Mitmenschen 翻译为"伙伴",把 Gegenmenschen 翻译为"敌人"。

阿德勒创建的个体心理学的核心概念就是"共同体感觉"。虽然这是从德语单词"Gemeinschaftsgefühl"直译过来的,但是除此之外,还有从上面提到的单词 Mitmenschen 衍生而来的"Mitmenschlichkeit",这也是用来表示"共同体感觉"的单词,是指"人与人相互关联在一起"的意思。

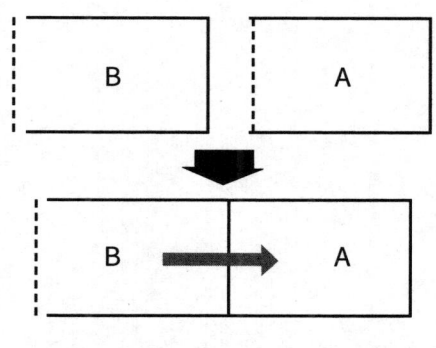

图 1-1 人与人在"面"上相互接触

阿德勒认为,**与他人在一起,把对方看作在自己需要的时候会来帮助自己的伙伴,这是人与人之间本来就有的相处方式**。这不仅仅是说人为了生存必须得到他人的帮助。神学家八木诚一[1]曾在《追寻真正的生活方式》中用"面"一词来说明

---

1 八木诚一(1932—),日本神学家、宗教哲学家。东京工业大学名誉教授。著有《新约思想的形成》《圣经中的基督与存在》《追寻真正的生活方式》《耶稣的宗教》等。

人与他者的关系。他把人的生存状态表现为一个四边形,四边形中有一条边不是实线而是虚线。这条虚线向他者开放,人就在这条虚线处与他者接触。这就是说,**人没有他者是无法生存下去的**。

逃离人际关系，真的意味着自由吗

人与他者通过一个"面"相互接触。因为向他者开放的那一条边不是实线而是虚线，所以必须接触他者才能得到弥补，互相形成自己的面。"我"的虚线得到了弥补，而帮助我的他者也将在别的他者的帮助下生存下去。

这就意味着，人只靠自己活着是得不到完善的，也不圆满，必须借由他者来弥补自己的"面"。从这个意义上来说，每个人都是与他者维系在一起的。

这样的维系不仅仅是对生者而言。当人去世的时候，尤其是家人或者亲朋好友去世以后，我们会受到强烈的打击，有一种丧失感。我们的悲痛之所以难以治愈，是因为弥补自己虚线的人不在了，而且，原本由这个人来弥补的虚线，是其他人无法弥补的。

但是，有的人不这么看待与其他人之间的关系，而是把他者视为"敌人"。我想，或许这些人并不是一开始就这么认为的。

估计是经历了一些事情，意识到那个自己一直以为是帮助自己的"伙伴"，也说不定是伤害和陷害自己的"敌人"，才开始那么想的。不过，阿德勒并不认为人与人是敌对的，他认为人是相互维系在一起的。

阿德勒的这种共同体感觉的思想，是在第一次世界大战中作为随军医生时产生的。在战场上，人与人相互杀戮，若不杀死敌人，自己就会被杀。在这样的状况下，士兵不可能不产生心理上的疾病。当时阿德勒就负责给患有战争神经症的士兵进行治疗。

阿德勒目睹了战场上人与人相互杀戮，尽管如此，他仍然认为人与人不是敌对关系，相互维系在一起才是人原本的相处方式。

阿德勒第一次向朋友们发表共同体感觉的思想是在服兵役期间，在维也纳的一个咖啡馆里。因为 Mitmenschen 与"邻人"（Nächster，复数 Nebenmenschen）基本上是同一个意思，所以阿德勒的共同体感觉被认为与耶稣所说的要爱邻人也要爱敌人的意思相近。朋友们突然间听到他的"简直像传教士会宣扬的思想"[菲利斯·博特《阿德勒传记》(*Alfred Adler*)]，都不能认同他这种"宗教性科学"，于是离阿德勒而去了。

与阿德勒一样经历了战争的弗洛伊德[1]提出了"死亡本能"。他认为，这种自我破坏冲动的本能若是向外，就会变成攻击性。他把这种攻击性解释为"人与生俱来的攻击他人的倾向"(《文明及其不满》)。弗洛伊德认为，爱敌人的命令"是对人的攻击性最强烈的否定"(《文明及其不满》)。他甚至说如果是"爱邻如爱己，爱你的邻人吧"，这无可非议，但是对于未曾谋面的人，不仅不值得爱，而且还应抱有敌意，进而引起憎恨。弗洛伊德认为爱邻人是一种"理想命令"，违反了人的本性(《文明及其不满》)。

然而，像耶稣或阿德勒所认为的，把他者看作邻人和伙伴，究竟是否"违反了人的本性"呢？

---

[1] 西格蒙德·弗洛伊德（Sigmund Freud，1856—1939），奥地利精神病医师、心理学家，精神分析学派创始人。1873年入维也纳大学医学院学习，1881年获医学博士学位。1882—1885年在维也纳综合医院担任医师，从事脑解剖和病理学研究。然后私人开业治疗精神病。1895年正式提出精神分析的概念。1899年出版《梦的解析》，被认为是精神分析心理学的正式形成。

"物化他人",是敌对的根源

　　战场上的士兵会患上心理疾病,并不只是因为自己会被杀而产生的恐惧心理,还因为对开枪射向敌国士兵感到犹豫。

　　士兵在战场上面临的处境是:面对敌人,如果自己不先开枪,就一定会被对方开枪打死。但是,在第一次世界大战期间,直接扣动扳机的人并不多。这些士兵就在与敌军对峙的那一瞬间,成了"有良心的拒绝服兵役者"(戴夫·格罗斯曼《战争中的士兵心理》)。

　　但是,这样就无法和敌军作战了,于是,军队引进了条件反射型游戏训练,在后来的战争中得到了戏剧性的效果。士兵在面对敌人时,要在脑海中浮现出敌人被子弹击中后的痛苦表情之前,就条件反射地扣动扳机,这样就感觉不到良心上的痛苦了。

　　飞行员从飞机上投掷炸弹或者发射导弹与士兵在陆地上和敌军当面作战不同。那么,飞行员的脑子里是否就不会浮现出被自己杀死的人的表情了呢?其实不然。他们也要通过训练,才能条件反射地、无意识地投下炸弹或发射导弹。然而，他们还是会想象被自己杀死的人的表情，脑海里浮现出那人死去时的样子。因此，许多士兵在战后的很长一段时间里一直受到痛苦的折磨。

有关伊拉克战争，池泽夏树[1]是这样说的："如果站在美国的立场来看这场战争，被导弹击中的只是建筑物3347HG、桥梁4490BB等，都是一些抽象的符号，而不是那位年轻的母亲米利亚姆。但，死的正是她，是米利亚姆和她的三个孩子，还有她的表弟约瑟夫——一个年轻士兵，以及她的农民父亲阿卜杜拉。"（《跨过伊拉克的小桥》）

要想发射导弹，就不能看到具体的人的脸。在这种时候，士兵心里必须想，自己做的不是夺走某个具体的人的性命，而是像破坏物体一样。**如果不做到这种地步，人与人之间就难以形成敌对关系。这恰恰从侧面说明了，人们原本并不与彼此为敌，相互共生才是人们天然的相处模式。**

1　池泽夏树，1945年生于北海道，日本诗人、翻译家、小说家。著有《运花妹》《精彩的新世界》等。

利他是后天习得，还是一种天性

我在前文引用了有关战场上的事例和书籍来阐述人与人维系在一起才是本来的相处形式，在日常生活中，有些情况也能清晰地说明这一点。

比如，在电车上有人寻求帮助。只要有求助的人，不管他到底是谁，大家都会施以援手。和辻哲郎[1]曾经说过："人，因为一开始就相信其他人一定会伸出援手，所以才会求助。"（《伦理学》）

有的人看到别人求助不会伸出援手，也不关心他人如何，但大多数人还是会助人一臂之力的，虽然可能出于种种原因无法做到。

求助的人也是理解别人可能无法做到，但仍相信人们会伸出援助之手，才发出求救的。**求救的呼喊声就是信赖的声音。**

1　和辻哲郎（1889—1960），日本近代唯心主义哲学家、伦理学家。先后任东洋大学、京都大学、东京大学教授，日本伦理学会会长。主要著作有《风土》《伦理学》《日本伦理思想史》等。

并不是只在面临危及生命的特殊情况下，才能够见到这样的信赖。如果你迷路了，即便和路人素不相识，可能你也会向对方问路。"即使是在丝毫不知对方是什么人，不知道对方有没有思想准备的情况下，你也深信这个人不会欺骗你，会把你从迷途中解救出来的。"(《伦理学》)

我第一次去巴黎的时候，在戴高乐机场碰到一个人向我问路。他问我从机场去巴黎市中心怎么走。幸好我是有备而来，就把从日本出发前查到的信息告诉了他。但是，如果我不甚明了，说不定告诉他的就是错误的信息了。向我问路的人是信赖他人的，认为只要问人就能知道怎么走。

或许也有人在别人向他问路的时候，故意使坏瞎说一通。"但这只是欠缺了应有的与人为善的态度，并不能推翻前面所说的信赖。"(《伦理学》)

这种情况是个例外，我相信迷路时，对方一定会告诉你怎么走的。他若是不知道，也一定会如实相告。虽然我不能断言绝对不会有人故意指错路，但是我想基本上不会有这样的人吧。

问路的人也不会因为有了一次上当受骗的经历，以后都不再去问路了。实际上，只是给你指路的人弄错了而已，并不是故意使坏指错路。

这种信赖并没有什么特别的，只是极其普通的事情。乘坐电车的时候，我不觉得在同一节车厢里会有人加害其他乘客。如果

011

你总想着这些事情，那就坐不了电车了。

不过，一般来说，人们也不会与其他乘客搭话。有的人看书，有的人望着窗外。在挤满乘客的车厢里，人与人的距离即便很近，也必须表现出自己对身边的人漠不关心的样子。但是，一旦有紧急情况发生，人们都会相互协助。这时，**即便大家互不相识，也会强烈地感受到人与人是维系在一起的。**

或许在你求助的时候，没有人伸出援手。或许在你问路的时候，也没有人理睬。毕竟，谁也不知道会发生什么事情。但是，你询问的时候，为你提供未知信息的人是可以信赖的。如果你认为其他人也许都是一有机会就会来陷害自己的敌人，不能相信他人，那就很难生存下去了。

大家之所以向求助者伸出援手，是因为每个人都能想象，求助者遭受的痛苦发生在自己身上是怎样的感觉。

越执着自我，越容易冷漠

然而，也确实有人对别人的求助漠不关心。阿德勒举了下面的例子。

这是一个青年男子和几个朋友一起去海边时发生的事情。他们当中有一个人在岸边刚探出身子时，失去了平衡跌落海中。这位年轻人探出头去，一直好奇地看着同伴沉入海里。他除了好奇心之外，并没有其他什么感觉和行动。

阿德勒说，即便是你听说他在人生中没有对任何人做过哪怕一次坏事，而且，日常能够与人和睦相处，但就那一件事情也足以说明他的共同体感觉极少，我们绝不可上当受骗。(《性格心理学》)

阿德勒认为，见到同伴沉入海里却不施任何援手，就一直看着，这样的人共同体感觉少之又少。这里所说的"共同体感觉极少"，意思是说，这位男子明知朋友正感到恐惧却什么都不做，只是看着，这就说明他与这位朋友并没有联系在一起。前面提到过，表示共同体感觉的词语"Mitmenschlichkeit"，意思就是

"人与人相互关联着"。

为什么说这个男子与朋友没有联系在一起呢？因为他只关心自己，朋友身上发生的任何事情，他都认为与自己没有关系。

当看着朋友沉入海中时，他并没有做出实际行动——马上跳下海去救助。一般来说，人们都会想办法去救助同伴的，然而他却一直定睛观望着，这并不正常。

阿德勒提出的共同体感觉，英语翻译为"social interest"，意为"社会兴趣"，相对于"关心自我"（self interest）的则是"关心他者"。阿德勒说，"对自我的执着"（Ichgebundenheit）是个体心理学的核心攻击点［《阿尔弗雷德·阿德勒个体心理学》（*Alfred Adler' Individualpsychologie*）］。这也就是说，将一切都与自己联系（binden）在一起，一切都与自己相关。

明知朋友已经感到非常恐惧，却漠不关心，也不施任何援手，就一直观望着，这样的人不关心他者，因此他平时就没有自己与他者是联系在一起的感觉。我们从在电车上应对求助人等事例中就可以明白，**这种与他人划清界限，事不关己高高挂起的状态，并非人类的天性**。但是，即使在突发事件中会去帮助他人，很多人在平时生活中也是只关心自己的。因此，阿德勒才会把"对自我的执着"作为问题提出来。明明人与人相互关联才是人类原本应有的存在形式，为什么只关心自己的人反而占了多数呢？于是他对这个问题展开了研究。

第二章

害怕被"孤立",
因为陷入了依赖

为什么会陷入依赖

　　人与人相互关联是人类原本应有的存在形式，相互敌对或漠不关心都不是人类本该有的生存状态。然而，并不是所有的关联都是好事。

　　能够感到与他人有关联的人，在独处的时候也不会感到孤独。但是，**倘若身边空无一人，或者身边有人却无法彼此产生联结，人们就会想通过依赖他者，获得与人们关联的感觉。**

　　孩子在母亲肚子里的时候，因为与母亲是一体的，所以他可能不会想到母亲和自己是不同的人格。在孩子出生以后，如果没有父母不间断的援助，他也是不可能生存的。慢慢地，孩子能做到的事情越来越多了。不过，有的父母却不愿意承认这个事实。

　　甚至，有些父母连孩子们能做的事情都一直不肯放手让他们去做，不想让孩子失败，因为他们觉得还是自己来做比较快。**但是，实际上是父母害怕孩子们离自己而去。**

如此一来，父母就会一直惯着孩子，如果孩子不拒绝父母的援助，也就一直继续被娇宠着。

为什么孩子不能停止对父母的依赖呢？因为依赖别人比自己动手要轻松得多。而且，还因为孩子们觉得，如果不用自己考虑，一切都听从父母的，那么在发生问题的时候，自己就不用负责任了。如果由自己来决定，这个决定就伴随着责任，一旦自己做了决定，事情进行得不顺利，就不能把责任推给别人了。有的孩子为了逃避责任，对自己的人生也不做决定，一切都交给父母，因此也无法活出自己的人生，只能走父母规划的人生道路了。

这是从童年和家庭上看，导致人产生依赖的原因。还有其他一些情况，也会导致人们产生依赖。

心理脆弱时就会产生依赖

在我读大学的时候，母亲患脑梗住院了。我为了护理母亲，在医院度过了很长一段时间。因为一直坐在母亲的病床前，我感到非常疲劳，所以我就看准母亲状况平稳的时候，在医院内走一走。

这时候，经常会遇到不认识的人跟我打招呼。起初，我以为是其他住院病人的家属，其实不是。原来这些人来医院病房是为了传教，说做做祷告病就能治愈，等等。听了这些话，我想，那些希望早日病愈的患者和家属，以及热切期盼能得到帮助的人，会相信他们所说的，也并不奇怪。

我父亲不知道是听信了谁说的，说我们家里肯定有放着不用的罐子，如果把它找出来洗干净，母亲的病就会好了。于是他就向公司请了假，把家里的仓库大扫除了一遍，确实找到了一只罐子。

父亲兴奋地跟我说了这件事情，但我心想，传统家庭总能找出一两只罐子吧。我虽然什么也没说,但是看到父亲挺相信那人说的,认为把罐子洗干净以后母亲的病就能好了,还是觉得挺恐怖的。

母亲去世以后,又有人给我忠告,说把名字改了比较好。我问:"如果不改的话会有什么后果?"对方回答我说"你会倒霉的"。这个人是母亲的一位好朋友,但我还是谢绝了这个建议。之后,或许这个人觉得我真的倒霉了。但是即便我真的很倒霉,那也不是因为没改名字。

如果在你被家人冷落,或是遭到不好的对待时,有个外人接近你,还对你很热情,你可能就会比信赖家里人还要信赖他。你甚至会在他的劝诱下,买昂贵的商品。因为在这种时候,人很难冷静地做出判断。

我父亲在晚年的时候皈依了某个不知名的教派,做子女的向来无法阻止父母的信仰。然而,父亲却来劝我也一起加入,这让我十分为难。若是别人来劝,我可以轻易地拒绝,就算是拒绝了以后关系变差,也不会有任何问题。

但若是父母来劝的话,有的人可能就很难拒绝了。或许在小的时候,还不能对父母所信仰的宗教做出自己的判断,就随父母信了教。等长大以后,子女对教义产生了怀疑,于是就退出了。但在这种时候,如果遇到父母的强烈劝阻,可能有些人即使心里存有疑问,往往也没办法退出了。

患者对医生的依赖

在医生与患者的关系中,有时候患者会依赖医生。阿德勒曾说过:"不要置患者于依赖和不负责任的处境。"(《自卑与超越》)

"置于依赖的处境",就是我现在要谈的问题。医生是不需要让患者产生依赖的;但是患者身体不适,怀着忐忑不安的心情坐在医生面前,就很难做到不依赖医生。如今,也许患者不会把医生看作绝对权威,但是依赖身为专业人士的医生的情况还是非常多的。

就拿心理咨询来说,有些来访者认为咨询师能够很好地理解自己,因此就会依赖咨询师。即便是一开始对心理咨询师有所抗拒的来访者,当听到心理咨询师说"只是你自己还没有意识到"这类话时,他就会把咨询师看作权威来依赖了。

所谓"置患者于不负责任的处境",指的就是心理咨询师对感到活着辛苦的来访者说"不是你的错"的情况。

因为童年时期从父母那里接受到的教育有着很大的影响力,

所以有人认为，是父母决定了自己现在的人生。而且，有很多人相信，过去的经历给自己留下了心理阴影。确实，违反自己的意志、被强加的经历，会给人造成很大的影响。但是，如果心理咨询师是从家长的教育或者过去的经历中去寻找来访者感到活着辛苦的原因，而导致来访者认为自己在孩童时代也没有责任的话，我就不敢苟同了。也许来访者得知不是自己的错就觉得放心了，但是这就意味着被置于"不负责任的处境"。**虽然问题解决起来很困难，但是把责任转嫁给他人也解决不了任何问题。**否则来访者就会对说出"不是你的错"的咨询师产生依赖了。

　　有关自己的身心问题，确实应该听取专业人士的意见。至于**是否执行这种意见，只能由你来决定。**然而，有的人之所以希望别人来帮自己决定应该如何去做，那是因为他想逃避由自己决定而带来的责任。

　　就算不能为自己的身心问题做决定而委托给别人，别人也不可能代替你的人生去帮你生活。自己的人生必须自己来负责。

越是被责骂，越是离不开

　　小时候一直挨骂的人也会变得容易依赖他人。如果孩子已经不小了，他就能够理解自己行为的意思。就是说，他明白做哪些事就会挨家长的骂。在工作单位，受到上司批评的下属也是一样。那么，**有些人明知会挨骂，会受到批评，为什么还要这么做呢？那是因为他们就算挨骂，也还是想得到关注。**没有人会喜欢挨骂或受批评。小孩子行为得当就好，下属能完成工作就行，但是有的人会觉得，即使自己这样做了，也还是得不到认可。家长认为小孩子行为得当是应该的，不会有什么特别的表示。上司也一样，认为下属完成工作是理所当然的，并不会因此而去特别关注下属。以工作单位为例，有人觉得如果自己很无能，不能通过业绩得到上司的认可，那么至少可以通过被批评而受到关注。有这种想法的小孩子和下属，就是在依赖父母和上司。

　　依赖不仅仅是为了受到关注。**当人们发现自己做的决定失**

败了，还因此受到批评时，慢慢就会觉得，与其自己做决定还受到批评，不如什么也不想，只做别人让自己做的事。这也是一种依赖。

批评所产生的心理上的距离也是一个问题。受到批评的人和做出批评的人之间在心理上的距离会越来越远。阿德勒说，愤怒是"trennender Affekt"，用英语说就是"disjunctive feeling"（《性格心理学》），意思是"使人与人疏远的情感"。虽然也有人说批评与愤怒是两回事，但是我想没有人在批评斥责别人的时候不感到气愤吧？

如果你感觉和父母或上司关系亲近，那么在觉得他们有什么说得不恰当的时候，你也能够说出自己的想法。但如果是面对不容分说就批评、斥责的人，因为关系疏远，你会觉得自己说什么都没用，所以就不说了。这样一来，**自己就越来越不去做决定，把决定都交给别人去做，结果就是变得依赖他人。**

还有，父母或上司批评人可能不仅是针对刚刚发生的失败，他们还会批评人"一直总是失败"。即使你甘愿因为新发生的失败而接受上司的批评，但是被批评说你做事总是失败，还是会感到自己没有能力。

阿德勒说："只有自己认为自己有价值的时候，才会有勇气。"[《阿德勒演讲集》(*Adler Speaks*)] 所谓"自己有价值"就是自己有能力，比如工作业绩；所谓"有勇气"，就是接下这份工作的勇气。即使有的时候会失败，但如果你认为自己有能力，就会自己想办法去努力做好工作。可是，如果总是受到批评，你就会觉得自己没有价值，没有能力，就不会积极努力地工作了。**无论做什么都会受到批评的话，那么人就会放弃思考，只按照别人的指示去做事了。**

尽管这样，还是有人会觉得"多亏当时受到了批评"。甚至还有人认为，正因为自己受到了批评，所以才进步了，才有了现在的自己。可是，明明在受到批评的时候，这些人应该也会感到很难受，却因为之后取得了成功（虽然如何取得成功是个问题），就一味地美化过去，把受到的批评说成了鞭策自己进步的动力。他们或许是已经忘记了当时心里的难受感觉。这样的人，难道不是只会对上司唯命是从吗？

在体育界也一样。有的运动员就算是受到了教练的"职权霸凌"式指导训练，受到了屈辱，如果能取得好成绩，也会心甘情愿地接受那种指导训练。一旦运动员取得了好的成绩，他就会认为教练对自己的指导训练并没有错，却从来都没有想过，如果不受训斥或许会取得更好的成绩。如果运动员觉得即使受到职权霸凌式的指导训练也没关系，能取得好成绩就行，那么他就会陷入依赖教练的情况。

同样，如果一个孩子在整天被父母训斥的环境下长大，假如有人无意中说他的父母太过分了，他也有可能维护自己的父母，说他们这好那好的。一般来说，愤怒的情感会疏远人与人之间的关系，那么为什么会发生这种维护自己父母的事情呢？**原因之一就是**，虽然他不想挨父母的骂，但又想逃避自己做决定的责任。另一个原因就是，他就算会挨骂也想得到父母的关注，心里存在着一种想被认可的扭曲的欲望。

依赖赋予自己属性的人

所谓"属性"（attribution）就是事物具有的特征与性质。比如，说"那朵花很美丽"时，"美丽"就是属性（属于花的性质）。把这种属性赋予事物或人，就叫作**"属性化"**或者**"属性赋予"**。

精神科医生隆纳·大卫·连恩[1]以家长们在学校门口等待孩子放学为例，说明了"属性赋予"是什么［《自我与他者》(*Self and Others*)］。

当孩子们放学从学校出来时，家长们心想：孩子一看到自己，就会跑过来拥抱自己。然而，当母亲张开双臂想要去拥抱孩子时，孩子却在不远处站住了。于是母亲便问孩子："你不喜欢妈妈吗？"一般情况下，有的孩子可能就会满面笑容地跑到母亲身边，抱住妈妈说："很喜欢妈妈。"这个孩子却没有拥抱妈妈，

---

1 隆纳·大卫·连恩（Ronald David Laing，1927—1989），苏格兰精神科医生，主要著作有《分裂的自我》《自我与他者》《正常、疯癫和家庭》《理性与暴力》等。

当妈妈问他是不是不喜欢妈妈时，他回答说："不喜欢！"这时，母亲对孩子说："不过，我知道你是喜欢妈妈的。"这就是属性赋予。也就是说，虽然孩子说了不喜欢，但家长还是给了孩子一个属性，即"你不是不喜欢，应该是喜欢妈妈的。要听妈妈的话，你是个不会反对或反抗妈妈的好孩子"。

为什么会出现这种问题呢？**因为对于弱势者而言，强势者赋予的属性，无异于命令**。就像孩子和家长，有时候孩子不能够否定成人（家长）赋予自己的属性。

在听到家长说他们知道孩子是喜欢他们的时候，孩子就会想自己可能真的是喜欢他们。这样，家长的属性赋予就成了"你要喜欢我"的命令。就算孩子觉得自己也许并不喜欢家长，但这个想法也会被贴上"封条"。于是，**家长对孩子的属性赋予使得孩子产生了依赖**。

这样也会让孩子认为自己必须报答大人们的期待。我小的时候，一直是在祖父的"你这孩子头脑聪明"的话语声中长大的。**当大人说"你这孩子头脑聪明"，并不是单纯的夸奖，潜台词是"所以，你要好好学习，取得好成绩，让家长高兴"，充满命令意味**。一开始，听到祖父说"你是个头脑聪明的孩子"，我当然心里很高兴，但这也成了我日后的沉重负担。我在小学第一次拿到成绩表的时候，看到自己算术成绩不是太好，心里就想到自己没能报答祖父的期待。

连恩说："给人赋予的属性限制了这个人，将其置于某个特定的境地。"(《自我与他者》)之所以说属性化就是命令，就我自己的例子而言，大人怎么抚养孩子应该都没什么问题的，我却被家长限定为"能够取得好成绩的孩子"。

我曾看过一部以患有自闭症谱系障碍的律师为主角的戏剧，其中有一个场景，律师说："像我这样身体有障碍的人，似乎仅仅说喜欢是不够的。"她怎么也理解不了爱一个人究竟是怎么回事。她原以为自己通过听别人描述或者看书就已经理解了爱情，但是当她亲身经历了以后依然感到困惑，弄不清楚这种情感究竟是不是爱。她想：我喜欢了，这不就够了吗？但是她身边的人则不认为她所感受到的情感是爱，并且断定她似乎是个不会爱人的人，这让她感到很困惑。这段情节就是其他人在对她赋予"不会爱人"的属性。

如果不反抗属性赋予，而是去迎合这种属性，那么你就是在依赖赋予你属性的人而活。

前面已经提到过，人受到批评就会变得依赖他人，但是受到赞扬也会产生依赖。很多人会认为，受到表扬不是很高兴吗？为了让人变得自信、拿出干劲，表扬他不就行了吗？表扬能促使人进步，这不是很重要的事情吗？

但是，**表扬从某种意义上来说，是上位者对下位者的评价。**一般来说，下属是不会"表扬"上司的。被置于人际关系的下位原本就不是很让人高兴的事，可是有的人却对表扬自己的人很依赖，觉得自己成了那人的家臣或者跟班了。

  当你受到过度的赞扬时，就会觉得必须满足表扬自己的人的期待。如果实际上做不到，你受到的表扬就成了压力。你会觉得，如果自己不能满足对方的期待就得不到认可，也就失去了自信。所以说，表扬也是一种属性赋予，变成了一种命令。

属性赋予造成虚假的关系

属性赋予对弱势者来说是一种命令，如果不反对属性赋予，不反对这种命令，就会形成一种"虚假的关系"（false conjunction）。比如父母命令孩子去做什么事的时候，假如他没有反对，看上去就好像是与父母保持了良好的关系，实际上，要么是孩子依赖父母而没有自己的想法，要么是有自己的想法却惯于顺从父母。

孩子小的时候要是没有父母的保护就不能够生存，但是不久之后，孩子就会自立。然而，父母不承认这种"真正的分离"（real disjunction），他们怎么对自己有利就怎么解释，试图将孩子留在自己的身边。就算孩子说了自己不喜欢妈妈，母亲还是解释说孩子其实是喜欢她的。

即使孩子并不想离开父母，父母与孩子也有各自的人格，是独立的存在。然而，父母却想通过属性赋予来建立"虚假的关系"，表现出父母与孩子之间没有任何隔阂的样子。

有的孩子不想给亲子关系制造风波,故而顺从父母。其中,有的人在自己的婚姻遭到父母反对的时候,就会想:如果得不到父母的祝福,就算是与自己喜欢的人结婚也没有意义,便选择了父母,而没有选择自己喜欢的人。

孩子必须自立,为此必须有意识地做出决断,必须切断虚假的关系。对此,我将在后文进行阐述。

为了维持表面关系而放弃表达

如果不服从上司，不仅他会认为你不好，也许同事们也会认为你不好。有的人害怕陷入这种境地，所以即使你不同意上司所说的，也不会违抗上司。**如果没有不同意见，那么共同体的和谐与秩序就不会被打乱——这也是一种虚假的关系。希望上司和同事都说他好的人，就会委身于这种虚假的关系之中。**

归属于一个共同体，感受到在共同体中有自己的位置，这是人的基本欲望，但是找到归属感的方式却因人而异。有的人在家庭中不违背父母，在职场上紧跟多数派，用这类方式在共同体中找到归属感。这种人即使心里有什么想说的，也不会表达出来。这是因为他如果不属于某个共同体就会感到不安，害怕引起什么风波而被赶出共同体。

然而，归属感本来并不是指属于某个大共同体就可以安心了。为了让自己安心，希望感受到自己已经属于某个共同体的人，就会对共同体产生依赖。

有依赖性的人在共同体要求他保持联系时，他就会很轻易地答应。对于这类人来说，知道这种联系是强制性的反而才会有安全感。虽说抗拒强制联系很难，但人们都遇到过强制自己的人。不过，**人在心理状态低落的时候，很难看清自己和他人处在怎样的关系中，就发现不了自己在被强制保持关系，并且依赖于这种关系。**

依赖于权威

有的人会盲目接受权威人士给出的答案。为什么人会依赖权威呢？

阿德勒重视对等关系，所以他不承认任何权威。而埃里希·弗洛姆[1]则有不同的切入点。

一般来说，我们会把人分为"有权威的人"和"没有权威的人"。但弗洛姆并不是在独裁且不合理的权威和完全不具权威中二选一。**弗洛姆认为，问题的根本在于具有何种形式的权威，所以，他把权威分为合理性权威与不合理权威**（《自我的追寻》）。

合理的权威来自能力。某个人被尊为权威，是因为他能够很好地处理别人交给他的工作，绝不是因为他有什么魔力，也不是因为他有什么领袖气质。见多识广、能够按照知识来办事的人，

---

[1] 埃里希·弗洛姆（Erich Fromm，1900—1980），人本主义哲学家和精神分析心理学家，被尊为"精神分析社会学"的奠基人之一。主要著作有《逃避自由》《自我的追寻》《爱的艺术》等。

就具有合理的权威。这样的权威不需要来自他者的认同与赞赏。

之所以说是合理性权威，是因为这种权威是基于理性，且在理性的状态下被行使的。因为理性具有普遍性，所以遵从理性并非服从。

教师对学生具有合理性权威。即使学生领会并承认自己的错误，这也不算是服从教师。

我年轻的时候，在大学教过古希腊语。当学生说错时，我会指出他的错误，这是教师的职责。学生不会因为被我指出了错误而生气。在这种情况下，**虽然教师会指出并纠正学生的错误，但并不会因错误而去指责学生的人格。**学生只不过是弄错了这里或那里的发音而已，并不是不懂学习。学生也知道，教师具有的权威是合理的，所以被教师纠正错误时，他能够承认自己的错误，不会抗拒教师的教导。

相反，也不能说因为是教师，就绝对不会出错。有时，学生也会指出教师的错误。这时，如果是具有合理性权威的教师，绝不会感情用事，而是冷静地接受学生的指正。**既然合理性权威是在理性的状态下被行使的，那么就不应该发生感情用事的争论。**相反，如果有的教师感情用事，不能接受学生的指正，那么他所具有的权威就不再是合理性权威，而是不合理权威。

弗洛姆将理性地接受具有合理性权威的人做出的判断称为"自律性服从"，与此相对的是盲目接受他人的想法和判断，他称为"他律性服从"(《自我的追寻》)。

虽然弗洛姆没有做深入探讨，但如果遵从理性也不能够判断教师所说的是否正确，那么，即便教师的权威是合理的，从学生角度来看也会变成不合理权威。因此，**就算学生跟着教师学习，也必须有自己的想法，必须自己判断正确与否。**

在日本曾发生过这样的事件：高学历的精英们遵照某个教派教主的指示杀了人。为什么会发生这种事呢？如果你不思考自己若是处于同样的情况会怎么做，就找不到这个问题的答案。**因为想要不经自己思考就轻而易举得到答案的人，会依赖给予他答案的人，无论对方发出什么指令，他都会服从。**

学生成绩差是教师的责任

弗洛姆说，教师与学生的关系在理想的情况下，应该是双方都朝着同一个方向。所谓同一个方向，就是提高学习能力。**弗洛姆说，如果教师不能提高学生的学习能力，这既是教师的失败，也是学生的失败。**

我有多年的执教经历，非常能够理解弗洛姆所说的意思。教师为了讲课花费了很多时间进行准备，但是有的学生什么准备也不做，到了上课时间就随意地走进教室。这些学生即便不能理解教师的讲课内容，也不会认为是自己的问题。教师花很多时间准备的内容，你只是过来听一下，是不可能完全理解的。可是，有些学生在不能理解教师的讲课内容时，却认定是教师的授课方法有问题。

当然，学生即使做了充分准备以后来上课，也会有不能理解讲课内容的时候。这时，学生可以向教师提问。但是，学生打断教师的讲课进行提问的情况极少发生。学生之所以自己不努力去理解讲课内容，只是追求简明易懂，背后的原因就是学生在依赖教师。

我们再回到弗洛姆所说的，失败不仅是教师的，也是学生的，意思是，**教师再怎么热心地授课，如果学生不努力去理解，那么就不能说学不好都是因为教师没做好。**

阿德勒说得比弗洛姆更加严厉，他说："我不相信孩子没有能力。问题只在教师有没有能力。"[《麻烦的孩子》(*Schwer erziehbare Kinder*)，收录于《心理治疗和教育》(*Psychotherapie und Erziehung*)第一卷]

如果学生成绩不好，就是教师的责任。也许，教师想说学生也有问题。但是阿德勒认为，如果学生不能理解上课内容，那就是教学方法有问题；学生没有学习欲望，也是因为教师没有能力。

"必须和大多数人一样"是一种匿名权威

弗洛姆指出,从20世纪中叶开始,权威的性质相较此前发生了改变。(《健全的社会》)权威变得匿名,看不见了。权威不是透明的,也没有具体的人在发出命令,更没有被强制服从,所以有时谁也发觉不了自己正在服从权威。也就是说,**即使没有人强制你服从,你也会自觉地服从。**

比如,你觉得大家在干什么自己也得干什么,在这种情况下,虽然你会觉得自己是受到了强制,但是又不同于被特定的人要求服从。

这种权威,有的时候是利益或经济上的需要,以及源自市场、常识和舆论等,有的时候是人的所做、所思、所感。由于这种权威是看不见的,所以不具有攻击性。

这里说的"人的所做、所思、所感"中的"人"(man),并不是指特定的人。放在论述匿名权威的上下文里,此处的"人"相当于"社会"。

比如说，社会上普遍认为在某种情况下怎么做才是正确的，这就是匿名权威。这种权威越是强大，人们就越会感到需要与大多数人同步的压力，进而屈服于这种压力。而且，可能是在你还没有意识到的时候，就已经屈服了。

这种同步压力不是在日本才有的特别现象。弗洛姆也曾指出，匿名权威的运作机制在于"同步"。**你必须做别人都在做的事，绝不可标新立异，也不能问对错，只能问自己是否适应社会。一旦屈服于这种同步压力，你就失去了主体性，你就不再是自己了。**正如本书开头的例子，我在新干线上遇见的那位年轻人所说的"适应社会就意味着去死"。这个问题，我们后面再谈。

依赖"正确答案",是教育的缺失

我认为,**人之所以变得依赖,是因为从小接受的教育出了问题。**

以学校科目的学习为例,有的孩子喜欢算术,不喜欢语文,因为他不能接受答案不止一个,或是没有答案。他认为,无论什么问题都应该有正确答案,所以从来没有想过无解之类的情况。当他遇到没有答案的问题或者是很难找出答案的问题时,就会感到很困惑。

有关算术,阿德勒是这么说的:"任何科目,有的时候在其他人的协助下就能够很轻易地掌握。但是,算术并非如此,必须依靠自己去认真思考。大多数娇养惯了的孩子对算术都还没有做好充分的思想准备。"[《课堂上的个体心理学》(教育困難な子どもたち)]

自己不努力去做就什么也完成不了,却想要马上就得出结果。依赖性强的孩子要么是自己不付出努力,要么是努力了却没有得到预期的结果，就马上放弃。

阿德勒认为，因为家长娇惯孩子，所以孩子才会变得依赖。他说："母亲过分娇惯孩子，在态度、思维、行为，甚至语言方面，都会给孩子提供帮助，如果这种帮助对孩子来说是多余的，那么孩子马上就会变为'寄生虫'，什么事情都期待别人来帮他做。"（《心理与生活》）

这样的孩子最怕的科目就是得不到他人帮助的算术。其他科目也一样，要想得到好的结果就必须自己去努力。即使是看上去没有答案的问题，也必须自己进行思考。但是，**被娇惯的孩子在自己回答不出来的时候，就会去依赖给他正确答案的大人。**

这种依赖不只是表现在学习方面。关于依赖他人生活的娇生惯养的孩子，阿德勒在他的著作中用了很多篇幅进行阐述。根据他的论述，许多孩子依赖父母，父母也娇惯孩子。不过，所幸很多孩子会做出强烈的反抗，所以给孩子成长造成的妨害并没有预想的那么严重。如果确实如阿德勒所言，那还算好。但是在今天这个时代，被宠惯了的孩子、成了寄生虫的孩子，似乎比阿德勒所处的时代多。

这并不是说孩子们依赖性强了，而是老师和父母们有必要反省，是不是自己导致孩子依赖性变强了？是不是自己本身依赖性就很强？

如果孩子都是照大人说的做，那么培养和教育确实会很轻松吧。但是，**大人们绝不可以把孩子们培养成只会顺从的人。**不能提出疑问而一味顺从的孩子们，在长大成人后，对上司下达的毫无道理的命令也不会提出反对意见。而且，对于不正之风，他们可能也会不做任何思考就全盘接受了。

为什么会出现这样的情况呢？小孩子每天能提出无数的问题，问："这是什么呀？""为什么啊？"但是大人们回答不了所有的问题。大人被孩子问烦了，就会跟孩子说："你用不着管这些事。"如果经常出现这样的情况，孩子就会什么也不问了。

有的学生觉得校规不合理，就会去问老师："为什么必须遵守这样的规则？"老师可能也不知道原因，就回答说："这是以前就定下来的，必须遵守。"这时，如果学生不能继续指出老师并没有解答这个问题，这就是教育的失败。

许多校规就是为了方便老师管理学生，除此之外没有其他目的。对校规不抱任何疑问的学生，管理起来是很容易的。

过分依赖权威，使我们让渡独立思考

大人也有很多不明白的问题。现在很多人碰到不知道的事情，就会通过手机上的人工智能查找答案而不加验证，认为人工智能给出的答案就是正确的；遇到读不懂的外语也能立刻用翻译软件，所以有人甚至认为没有必要学什么外语了，但是他们并没有想过译文可能存在错误。**要想检验人工智能给出的答案是否正确，你就需要掌握比人工智能更多的知识。**

认为人生一帆风顺的人不会去思考人生的意义，即便如此，也可能会经历人生变故，发现原本铺设在自己眼前的人生道路突然消失了。比如说生病，人就会觉得原本理所当然会来的明天可能不会到来了。当你有了这样的经历，或许就会慢慢开始思考人生。**这时，人工智能就靠不住了，它无法解答你的人生的意义。即便它会回答，也只能给予你一般性的答案。**就算知道人总会死，也没有什么意义，因为我想知道的不是别人的死，而是自己的死是怎么回事——对于这个问题，人工智能就回答不上来。

有的人可能会去向别人请教，或者是从书本里寻找答案。但是，**如果自己不去思考，那就没有意义**。而且，像是"人生的意义是什么"之类的问题，并不能马上就得出答案，否则，人的思考就会停止。

　　然而，并不是说你不去思考就能够无忧无虑地生活了。当你遇到了让自己失去生存希望的事情后，还是会陷入绝望。当人的心里产生这种空隙时，就可能被某种教派伺机而入。这时，如果你不去独立思考，就可能不加分析而全盘接受了。因为这些教派可能会说："你只需要去相信，你什么也不用思考，接受就好。"

　　有的问题确实是回答不了的，比如人死后会怎样。我们知道别人去世就是再也不在了，但没人能知道自己的死究竟会是怎样的。因为没有一个人能死而复生，再告诉活着的人死是怎么回事。如果父母是虔诚的宗教信徒，孩子从父母那里接受了关于神的教育，可能就不会怀疑神的存在。但是在他长大以后，他的朋友可能会说神是不存在的。这时，孩子就会问家里大人，到底有没有神存在。但是大人们回答不了这个问题，可能就会回答说"你只管相信就行"。如果孩子接受了这样的答案，就会变得依赖权威了。

第三章

是谁在操控着你

你的不安情绪，是上位者操纵你的工具

有依赖者，就有操控者。阿德勒曾这样阐述过催眠术："催眠作为一种治疗方法是有风险的。我不喜欢使用催眠术进行治疗。即使需要使用，也仅限于患者不相信催眠之外的治疗方法的情况。"(《生活的科学》)

阿德勒之所以不愿使用催眠术进行治疗，是因为接受过催眠治疗的人具有报复心。催眠治疗，基本上只有在医生提出为患者催眠治疗，并且在患者同意的情况下才可以进行。从这个意义上讲，接受催眠治疗的患者是顺从地依赖医生的，但是他对医生的这种"恋爱情感"并不会持久。

这对于不使用催眠术的医生来说也一样。患者一开始对医生说"我都听您的"，但如果没有得到预期的治疗效果，他就会变得抗拒医生。即便治疗有效，患者也不会一直满足于从属的地位。阿德勒指出，一开始，患者确实会对治疗医生很顺从，但是"这只不过是为了之后轻视治疗医生的准备阶段"。[《论神

经症性格》(*Über den nervösem Charakter*)]

有时，就算患者不是特别有依赖性，医生也会通过弗洛姆所说的不合理权威来控制患者。

为了建立不合理权威去控制他人，需要的是操控方拥有压倒性的权力，以及顺从这种权威的人有不安的情绪。 挥舞不合理权威大棒的医生也许心里在想，要激起患者的不安情绪并非难事吧。

还是以我父亲的信仰为例。有的人听说如果自己不捐钱就会下地狱，于是就受不安情绪的驱使而参加了不知名的宗教捐款。我父亲就是这样的人。当他来劝说我入教时，我问他："如果我不参加会怎样？"父亲神情严肃地回答说："你会下地狱的。"

不同于合理性权威，不合理权威禁止批评。在学校教育中，有的教师不允许学生质疑，有时甚至禁止学生提出疑问。教师会说："你们现在不需要想这些问题，只要记住就行了。"这就是在使用不合理权威去控制学生。如果医生或心理咨询师也很看重权威，就会控制来求治的有依赖的患者。

因此，**控制与依赖是相辅相成的**。也就是说，只存在实行控制的人是无法构成控制的。**受控者依赖操控者，而操控者也同样依赖受控者。**

认为见面才能建立信赖关系是一种错觉

说到这里，我想先用这几年的远程办公来举个例子。远程办公并不适用于所有工作。不需要为了工作而聚集到同一个场所面对面办公，这在一开始让很多人感到不知所措。虽然不同于受到什么人的监视，但有的人需要在有别人看着的情况下才能干活，这样的人或许会感到一个人在家工作并不容易。还有，有的人因为没人看着就想偷懒，但是因为有必须完成的工作，所以他也不能一直偷懒。

每个人开展工作的方法各有不同。有的人一下子就把工作做完了，有的人需要花很多时间才能完成工作。我曾经参加过哲学考试的监考工作，有的学生平时听课不是很认真，却很快做好了答案走出了教室。相反，平时认真听我讲课并进行提问的学生，则用足了考试时间才写完答案。工作上也一样，并不是说很快完成工作的人就一定有能力。**有能力的人有时候很快就能完成任务，但有时也会花很长时间去认真思考。**当然，也有人花了很多时间也没能干好工作。

居家办公的情况下，如何使用一天的时间，也是因人而异的。居家工作的好处在于不受时间上的束缚，比如难以早起的人虽然很晚才起床，但是可以工作到夜里。

居家办公刚开始时，可能很多人感到了不知所措，但逐渐也觉得有意想不到的舒适感。如果工作进展顺利，很多人都希望能够继续远程办公吧。

然而，有的人却不愿意继续远程办公。尽管当时日本感染者的人数并没有减少，但是早早就有公司要求下属原则上坐班了。然而，要说是不是大家都很高兴能回到原来的工作环境，那也并不尽然。一旦体验过了远程办公的方便，就很难再回到以前那种工作状态了。

有的人认为，采用远程办公形式就能在家里工作了，还可以在工作间隙洗衣服，享受富有人情味的生活了。换言之，不采用远程办公，而是要求下属返岗工作的公司，就是剥夺了下属富有人情味的生活。

期望下属原则上回公司工作的上司也有正当的理由。他们认为，若是相互不见面就无法开展工作。也有人认为，工作本身并不是不能在家里完成，但是大家互相见了面，在闲聊当中会想出好的主意。

而这些理由并不真实。如果是远程办公就能做的工作，那么大家不见面也是可以完成的。说什么"互相见了面,在闲聊当中会想出好主意"的人,其实只是想闲聊而已。

很多好的主意,都是在独自一个人的时候想出来的。确实,有的时候尽管正在与人闲聊,却能突然想到好主意。但是想不出好主意的时候,无论你在哪儿、做什么,都想不出来。想不出好主意的人,只是为不能见面闲聊找借口罢了。

还有人说,采用远程办公就不能建立人际关系了,说什么"见不了面,就不能进行沟通""不面对面开会,就建立不了信赖关系"。但是,那些说不见面或者分开时就不能建立关系的人,实际上就算和别人见了面也不会与对方有什么沟通。这并非夸大其词。不被信赖的上司与大家见了面,或许会更不受信赖也说不定。

总之,**认为见面了总会有办法的人,就像在恋爱中不能坚信对象的感情一样**。相亲相爱的两个人确实会希望能一直在一起,但是两个人不在一起时也不会觉得很寂寞。两个人闹别扭的时候,打电话确实无法解决问题,无论如何都要直接见面谈谈。但是,也不能说见了面,两人的关系就一定能改善了。

有人很害怕用外语打电话,说是因为见不到对方的脸就说不好,但这只是因为外语水平不行。就算实际见面,和对方沟通起来也还是很难的。如果用母语都很难和人沟通,也不能说和对方见了面就可以讲得很有逻辑性,让对方听明白。我长期从事心理咨询的工作,知道在心理咨询的时候,表情、动作、姿势及声调等，是能够帮助来访者理解的。但是，要说单凭语言不能进行沟通，并不确切。如果说只使用语言不能开展心理咨询工作，那是因为心理咨询师能力不足。

如果说很难单凭说话声进行沟通，那么可以使用线上会议应用程序。这和从来没有使用过线上会议程序的人所想象的不同，在线上会议或者医疗上广泛使用的远程诊疗的情况下，可以通过大屏幕看到对方的脸，比实际见面更能清晰地看到对方的表情。当然，是否看到了对方的脸，就能很好地理解对方所说的内容了呢？那倒未必。**虽然看到对方的表情有助于理解，但是这并不是必需的。**

关于诊疗，也不是所有的诊断都可以通过远程进行，因为瘙痒、疼痛等感觉从屏幕上是看不出来的。但是，就算对方坐在你面前，他身上的疼痛你也是感觉不到的。

拿我来说，近几年所做的讲座都是线上进行的，有时候还会与海外连线进行演讲，和编辑商讨也是线上进行的。利用在线演讲，演讲者不需要去遥远的地方了，这对于讲座听众而言也是有利的。如果在很远的地方有讲座，以前大多数时候我只能放弃，现在则可以坐在自己家里演讲了，还能听在海外举办的讲座。对于主办单位来说，既不需要去筹备布置会场，也不需要支付演讲者的交通费和住宿费了。我觉得即使疫情结束了，也没有必要再回到现场进行演讲。

为了操控你，他们要求"常联系"

我们再回到本章开头所讲的。虽然居家也能办公，但是上司认为"果然"不见面不行，强令下属回公司，那只不过是表面的理由而已。**或许上司都不知道这么做真正的理由就是：他想让下属在自己眼皮子底下工作，从而控制下属**。要求下属回公司，与工作效率毫无关系。

上司会觉得，如果下属不在自己眼皮子底下工作，自己就无法控制他们，所以才要求下属回到公司，将他们置于自己的控制之下。上司怀疑下属在家是不是真的在工作。

还有，上司之所以会强制下属回公司，是因为在面对面开会时，即使他不发言，只要一声不响地坐在那里，就会对部下造成压力来实行控制（虽然这是上司自以为能做到的）。但如果是远程会议，他就没有办法这样做了。那么，上司不就是想通过面对面来进行控制吗？

在远程会议中，一言不发就如同不在场。发言条理清晰、具有说服力的上司会得到下属的好评，被大家看作有能力的领导。但如果上司默不作声，就不可能得到来自下属的这类评价。即使上司发言了，但讲话语无伦次，也不会被大家认为是有能力的领导。

有的上司认为，见了面就可以通过批评下属来实行控制。当然，在线上也可以批评人，但或许会被对方静音。如果是面对面说话，下属就无处可逃了。

再有就是，上司不想让下属有居家办公的自由。来不来公司，就好像成了上司检验下属忠诚与否的一种手段。又或者是只有在接到要回公司的指令后，什么也不说就老老实实按照指令回公司的人，才不会被裁员。

我倾向于保留远程办公和回公司办公两个选项。没有理由要取消方便的做法。原本可以远程办公却不能选择，就是一种"强制"联系。原本通过网络连线二十分钟就可以完成的工作，政治家却偏偏强制要求公务员从京都到东京来，大概并不是为了工作，而是想通过让公务员来见他，来满足他的自尊心吧。

在疫情期间，如果在线上就能工作，那么政治家们就不需要出国访问了，首脑会议也没有必要面对面进行。有人觉得取消线下会议会使主办国很没面子，这是还没有认识到网络连线会议的有效性。

另外就是学术会议也因新冠疫情或是中止，或是改为在线举办。我希望今后至少可以在线下之外，也保留在线听讲的选项。对学生而言，要参加在较远地区举办的学术会议，交通费是个很大的负担。

　　不仅仅是强制见面，在当下，失去可选项、被强制联系的情况也越来越多了。比如，社交网络或者聊天工具应用得很广泛，不用这些的人不仅会被看作怪人，甚至还会被打上缺乏交流能力的标签。不用社交平台的作家出了本畅销书也被看作特殊的情况。虽然我不时也会在社交平台发发信息，但是关注我的人并不多，所以当编辑希望我在社交平台发布新书上市的消息时，我感到挺为难的。而且我听说有的出版社也会将粉丝人数多作为出版的条件。

　　强制联系的目的就是控制，相对于有效性和便利性，更受到重视的是管理。

没有"集体荣誉"感，不可耻

　　还有通过更为隐蔽的方法来实施强制联系的情况，我们就以福岛发生的核电站事故为例来说明吧。核电站事故的放射性污染仍在造成影响，现在仍有很多人被迫过着避难生活。尽管如此，有的政客却四处活动，想要掩盖核电站发生事故的事实。

　　核电站事故与自然灾害不同。虽然这场事故是因地震和海啸引起的，但是如果没有核电站，也就不会发生核泄漏事故了。从这个意义上来说，事故发生是人祸。但在宣传上，日本政府却对事故的责任归属遮遮掩掩，反而想要号召国民团结一致共渡"国难"。**他们强调互助，也是想让人们忘记核电站事故是人祸的事实，从而达到控制的目的。**

　　当然，不仅是核电站事故，发生任何灾难的时候，人们都很想去帮助受灾地区的民众，但首先应该是国家层面去帮助受灾的民众，而日本政府却号召大家要互助，这太可笑了。

　　日本政府这种作为在第二次世界大战投降之后更加明显，

把责任主体弄得模糊不清。东久迩宫[1]受昭和天皇的委托成立了内阁，来负责处理战败的善后工作，但他鼓吹什么"一亿总忏悔"[2]，说战争责任在于日本全体国民。

核电站发生事故的时候，"国难"一词被广泛使用。发生了灾害，日本政府当然必须去救助受灾地区的民众，但问题是这种"互助纽带"在形成过程中受到了强制。

1923年日本发生关东大地震的时候，有传言说在日朝鲜人要发动暴乱，结果几千人被杀。三木清[3]说："不安使人焦虑，而焦虑又使人冲动。这种时候，人很容易就会人云亦云，听信于各种不合理的传言。历史上有很多独裁者先是将人民陷于不安和恐慌，然后再随心所欲地驱使人民。"（《时局与学生》）当时震后的恐慌和流言所产生的不安，营造出虚假的一体感，将民众的目光从灾害发生后日本政府的应对失策转移开。

其实，流言并不是自然而然产生的。2011年发生东日本大震灾的时候也一样，在日外国人在受灾地区犯罪的流言一下子就

---

[1] 东久迩宫稔彦（1887—1990），脱离日本皇族前名为东久迩宫稔彦王，日本前皇族成员，陆军大将，日本第43任首相（内阁总理大臣）。1945年8月15日，日本天皇广播投降诏书后，由于其皇族地位加上陆军大将衔，能够控制住当时日本的局势，因此他便成了日本第一位皇族首相。
[2] "一亿总忏悔"是战后东久迩内阁提出的论调，要求日本国民与统治者一起承担战争责任，需要进行"总忏悔"。其目的在于为天皇开脱责任。
[3] 三木清（1897—1945），日本哲学家，京都大学哲学专业毕业，曾在德国、法国留学，回国后任东京政法大学教授。主要著作有《唯物史观与现代意识》《人本主义的哲学基础》《构想力的逻辑》等。

在网络上传播开了。还有，2022年举行的前首相安倍晋三的国葬，在没有任何法律依据也未提交国会审议的情况下，就在内阁会议上决定了，这首先就是个问题。但是国民被强制与此关联也是问题。

悼念死者属于人的内心。而人的内心是不能干涉的。想必会有人或因反对安倍晋三的国葬而感到不愉快，或是当自己不得不面临被迫要以行动去表示哀悼的状况时，又感到很难坚持不服从吧。日本政府想通过强制联系来谋求共同体的一体化，但是我感觉到了民众对这种强制的抵触情绪。

但是这种事情是很难抗拒的，因为有人会觉得悼念死者是人理应做的事，就像家人去世感到悲伤一样。**这就形成了一种"如果你不服从就不配做人"的氛围。**

为何人们会憎恨"不同"

因新冠疫情，日本社会中以前就一直存在的问题浮现了出来。为了防止感染，大家佩戴口罩是有必要的。但是，如果有人是因为大家都戴口罩所以自己也要戴，或者相反，大家都不戴口罩所以自己也不戴了，这就是歪理。**这种行为不应该受他人左右，而是应该自己做出理性的判断以后再采取行动。**就新冠疫情而言，戴口罩是科学的，看别人的眼色来决定自己戴不戴口罩则是错误的。

在日本，疫情初期，有人监督大家有没有戴口罩，还有人监督商店的营业时间有没有超过规定。可是，不是医学专家的政治家们，却在没有任何科学根据的情况下就发表言论说世界的趋势是不戴口罩，甚至还有人表示赞同。在这样的言论鼓吹下，说不定街上就会出现监督大家有没有把口罩摘掉的人了。

有实行强制的人，就有服从强制的人。服从者不仅仅是自己服从，还要求别人也服从。服从者希望成为多数派，因此就要求

其他人也必须服从。

阿德勒描述过这样一种人：他们很关注他者的言行，但自己什么也不做。他举例说，有位老妇人在等车时，不小心脚一滑，摔进了雪堆里，无法站起身来。很多人匆匆忙忙地从她身边经过，都没有去帮她一把。终于，有一个人走到老妇人身边帮助了她。就在这时，躲藏在某处的一个人跳了出来，与正在帮助老妇人的人打招呼说："终于出现了一位高尚的人。我站在那里有五分钟了，想看看有没有人帮助这位老妇人。您是第一位。"（《性格心理学》）

阿德勒说这个人"以法官自居，对别人分别给予赏罚，自己却不动一根手指"（《性格心理学》）。

为什么他不去帮助呢？因为"法官"是对别人进行裁决的，以此获得优越感。

监督大家有没有戴口罩的人，虽然也是出于好意，但是他认为必须保护自己，自己戴口罩无济于事，因此就会提醒没有戴口罩的人。"基本上，类似的自我防护，通常都会导致再次伤害其他人。"（《性格心理学》）

这是因为事情做过头了。以法官、警察自居的人，或者是对病毒感染者持有敌意和憎恶的人就是例子。阿德勒认为，即使没有露骨地表现出敌意和憎恶，批评他者的行为中也已经隐藏了憎恶。他说："憎恶的情感即使很直接，也不总是表现得很明显。

别忘了,这种感情有时会覆上一层面纱,比如采取了批判性态度这种更为精练的形式。"(《性格心理学》)

还有一个问题就是,在这种相互监督的背后存在着权力。政客们不是直接插手,而是利用那些不能容忍别人不服从方针的人,比如让一些人认为自己是自发地在为正义而战,从而迫使那些不随大溜的人去服从,但是那绝对不是自发的行为。

第四章

虚假的关系会带来
真实的痛苦

虚假关系的背后，是"主人"与"仆从"

因控制和强制而形成的关系，就是虚假的关系。这与真实的关系截然不同。真实的关系的意思是，人本来就生活在同他人的联系中。

控制是以依赖为前提的。正因为有人觉得依赖他人无伤大雅，所以才会有实行控制的人。

比如在远程办公时，有的下属希望能接受上司监督。其实，如果不需要通勤就可以工作的话，人的精力就可以用于工作，作为结果，生产效率应该就会提高。但有人觉得如果是远程办公，没有人看着自己，就不能工作了。这就像是如果不一直督促孩子要学习就不能学习一样。对于这样的下属，控制他就非常容易。这样，实行控制的人和希望被控制而能满足依赖性的人之间就形成了一种关系。

另外，有的人即使是希望居家工作也说不出口。也许他一开始就放弃表达了，觉得自己说了也没什么用。如果不把自己想说的或应该说的话说出口，就不会引起风波，表面上看大家关系还是很和睦的。下属对上司或组织的不正当行为视而不见，就可以保持秩序。但是，这就是一种虚假的关系。如何才能将这种由控制和依赖形成的虚假关系转变成真实的关系，是必须思考的问题。

如何察觉自己正在被操控

　　意识到强制关系的人，才会在自己被强制做事时，迅速决定该采取什么态度。而如果意识不到，甚至不会纠结自己该不该服从。

　　举办东京奥运会的时候，日本政府制造舆论说，考虑到运动员们都是拼了命要参加奥运会的，停办奥运会就根本不可能。这样一来，要提出反对意见就很困难了。

　　还有更加极端的例子。比如，很多美国人深信，为了保卫国家，必须与恐怖分子做斗争，他们认为美国政府发动战争是迫不得已。美国女作家苏珊·桑塔格[1]在纽约世贸中心遭到恐怖袭击

1　苏珊·桑塔格（Susan Sontag，1933—2004），美国作家、艺术评论家。毕业于芝加哥大学。主要著作有《反对阐释》《激进意志的样式》等。"9·11"事件以后，苏珊·桑塔格写下了《真正的战斗与空洞的隐喻》一文，反对美国出兵伊拉克。2000年，她的历史小说《在美国》获得了美国国家图书奖。《同时》（*At the Same Time*）是桑塔格的"最后一部"随笔集，中文版2018年由上海译文出版社出版，译者黄灿然。

以后说，她看到路上跑的每一辆车上都挂着美国国旗感到实在无语。(《同时》)整个社会陷入偏执、疯狂。即使是这种时候，也不是所有恐怖袭击遇难者家属都赞同美国发动战争的。这个例子就是为了发动战争，利用在其他国家发生的战争，声称自己国家也许会受到外国的进攻，来提高国民的爱国心。

政客们觉得，在外部制造敌人或许就能让人们团结一致，所以去寻找理由将战争正当化，还可以将人们的关注向国外转移。

但是，"一切战争的产生都是为了赚钱"(柏拉图《裴多》)。因为政客们不能说得这么露骨，所以就以正义为名，但这只不过是借口而已。

另外，他们觉得仅仅有爱国心是不够的，还必须制造出憎恨与愤怒的情感。实际上，在向他国宣战的那一刻，人们对于那个国家还未产生敌意。有关这一点，我想在后面再阐述。日本政府为了团结国民，利用了国民的爱国心、憎恨、敌意、愤怒等情感。

被利用的奥运会

为了把人们绑定在一起，任何事都可以被利用。体育界也在所难免。当听到电视台的解说员说奥运会的好处就是可以发扬日本的国威时，我感到十分震惊，因为那个解说员连《奥林匹克宪章》是什么都不知道。发扬国威的目的与《奥林匹克宪章》格格不入，体育盛事被利用了。

在奥运会等体育比赛中，看比赛的人都愿意为本国运动员取得奖牌呐喊助威，但在日本社会中有这样一种氛围，觉得全体国民必须都去为本国选手取胜而加油。我并不喜欢这种氛围。有人开开心心地享受体育比赛是挺好，可是，如果非要把对体育比赛不感兴趣的人也卷进这种狂热之中不可，好像你不表示关注就很奇怪，这就是强制性关联，其目的就是让国民在日本运动员获得奖牌时拥有一体感。

看到运动员们表现出超高的水平，获得了优异的成绩，每个人都会感动。但是，没有理由非得是日本选手获得奖牌不可。有时，有些人希望本国运动员获胜，却期待其他国家的运动员失败。这种时候，人们就会把体育比赛比喻为战争。

还有一些行为，不是向外寻找敌人，而是企图制造内部矛盾。在日本社会上，有的人说是年轻人传播了新冠病毒的感染；有的人说年轻人是为了老年人牺牲了自己；还说年轻人的自由被剥夺了；甚至还有人说年轻人交了养老金，以后退休了却拿不到……诸如此类的抱怨在年轻人和老人之间制造了分裂。

表面看上去，这样的抱怨会影响团结，没有正面意义。但是，实际上这对于日本政客统治国民而言，就非常有用了。如果被统治一方的团结被破坏了，愤怒的矛头就不会朝向这些政客，国民的力量就会被削弱，也就可以防止民众反对日本政府了。

还有，如果排除了反对者，其他人就会团结。有的人放话说，是日本人就应该赞成安倍晋三的国葬。用前面讲过的话来说就是，给人打上特殊标签，说反对国葬的人就不是日本国民。排除了反对国葬的人，日本整个国家就可以一体化了。**但即便排除了不同意见，保持了一体化，在这种社会中，人们也不过是表面和谐而已。**

奥运会比赛期间，如果强制大家必须团结一致声援本国选手，制造出一种不能对此说不感兴趣的氛围，那就如弗洛姆所说，存在着看不见的匿名权威的强制。不过，**那些不容反对的气**

氛与舆论，是人为打造的，匿名缺乏真实性。而那些不愿被强制的人，有时会认为做某件事是自发行为，实际只是因为强制方隐藏了起来。

警惕虚假的自由

如果没有意识到自己受到了控制，确实是很难进行反抗的。当某一方说"一切都由个人做判断"的时候，只有两个理由。一个是为了让你"自发地选择"。**被迫选择的人并不是自发做出选择。**这与父母想让孩子自立一样。父母准备好了希望孩子选择的人生道路，然后要求孩子自发地选择父母准备的人生道路。但是，被迫做选择的孩子，并不是自发地做出选择。

另一个理由就是，为了不承担选择的责任。一件事情做或是不做，都只能自己来决定，责任就落在个人身上了。从这个意义上来说，无论做什么决断，责任都在于个人。但这件事如果是由别人说出口就很奇怪了。**一个人做出选择后，如果事情进行得不顺利，责任就在于自己。但是，有些人却想要让别人去承担他们承担不了的责任。**

虽然父母对孩子说"因为是你的人生，所以你自己选择就行"，但实际上在父母为孩子准备的人生道路之外，孩子别无选择。父母希望孩子在人生道路上取得成功，所以如果听了孩子说不想读大学，父母就会很生气。孩子虽然选择了父母所希望的人生道路，但是如果碰到什么问题，走投无路了，那就反倒成了孩子的责任。

"二战"中，哲学家田边元[1]对即将奔赴前线的学生们鼓吹说："自发奋勇前进，为自由而死，从而超越生死！"（《历史的现实》）实际上，当时的日本是强制学生为国战死，但田边元选择了"自发性协助"的说法。那么，究竟要学生协助什么呢？就是迫使他们去协助国家的团结。被要求进行协助的学生不算是自发的，却可能以为自己是自发协助的。

---

[1] 田边元（1885—1962），日本近代唯心主义哲学家。东京大学毕业，曾任东京大学教授。主要著作有《科学概念》《黑格尔哲学与辩证法》《哲学入门》《历史的现实》等。

勇于把人际关系重新洗牌

虽说人与人生来就是联系在一起的，但并不是说什么也不做就能和他人建立关系。

我们来看一下亲子关系就会明白了。仅仅从亲子角度来看，**并不是说父母与子女有血缘，亲子关系就顺势成立了。**非但不是这样，很多时候正因为亲子之间关系很近，所以才会比和其他人的关系都差。

父母要求子女"做个好孩子"，期待孩子好好学习，听父母的话。孩子也想满足父母的期待，不做反抗。这看上去是一种和睦的亲子关系，不过，这种状态也仅限于孩子认为不可以忤逆父母，应当顺从父母的这段时间里。

三木清在《不可言传的哲学》中引用了耶稣说的话，耶稣说："你们不要想我来，是叫地上太平。我来并不是叫地上太平，乃是叫地上动刀兵。因为我来，是叫人与父亲生疏，女儿与母亲生疏，媳妇与婆婆生疏。"

这段话引自《马太福音》。耶稣说他不是为了"太平",而是为了"动刀兵",是为了分裂亲子关系和婆媳关系来到地上的。

在引用这一段话之前,三木清这样说:"强硬,或强调自我,或敢于反抗,这些本身并没有错。"(《不可言传的哲学》)

从三木清的论述中可以看出,他似乎并没有全面肯定主张自我和反抗。

他接着又说:"问题在于坚持错误的立场,过度强调个人意愿,以及反抗合理的事物。"

为了重新审视人际关系,就算不进行反抗,也必须能做出自我主张。这是说不能因为是父母说的,孩子就毫无批判地接受。自己想说的不说,也不反抗,问题更大。

我在从事心理咨询的过程中碰到的年轻人,说他们全是不会忤逆父母的"好孩子"也不为过。不管父母再怎么不讲道理,他们也不会反抗。这样的亲子关系表面上看好像没有任何问题,其实是一种虚假的关系。

这种关系必须打破后重建。这不是说要把关系搞坏,也不是说孩子反抗、违背父母就是好事,而是说,**为了建立人与人之间的真实关系,有必要对之前存在的关系重新进行评估。**

因为只强调双方是亲子是建立不了良好关系的,所以即使看上去关系很好,也有必要重新认识相互关系的存在形式。这就是耶稣所说的"动刀兵",意思就是将父母与子女原来的关系"分开",重新审视相互关系。把关系分离开并不是最终目的,**必须重新评估关系的存在形式,并在此基础上再建立良好的关系。**

那么,该怎么做好呢?我们后面再探讨。

别做伤害你的人的帮凶

在亲子关系中，当发现父母的行为方式有偏差时，有些人站在做子女的立场上去反驳他们。但进入更大的共同体后，即便是这样的人，也会有一部分站在施加控制的人一边。

比如，在日本，要是提高了消费税，就会使人们的生活一下子变得很困难，但还是有些人说什么增税也是无可奈何，甚至有人会说增税是为了增加国防军费，是很有必要的。这就是把自己放在了和政客一样的立场上。而政客们从来没有想过自己要上战场。从这个意义上说，这类人是把自己置于安全范围内来思考问题的，觉得就算是增税，只要是为了日本，自己也会尽力协助的。

说这些话的人并不是作为一个正常生活的人在考虑问题，他们看待正发生在自己身上的事情，仍然是隔岸观火、事不关己。就像评论家一样，对时事发表分析和评论时，并没有把自己的生活考虑在内。

他们站在操控者的立场考虑问题，并没有意识到自己正在被操纵。这就是缺乏批评思维与他人建立关联所造成的结果。

任何共同体都需要有一定的秩序来维持运转。法国文学研究者渡边一夫[1]说，对于扰乱共同体秩序的人当然应该受到社会性的制裁，不过，这种制裁必须始终是人性化的，必须能够让人理解秩序的必要性。(《为了保护自己，面对不宽容，宽容应该成为不宽容吗？》，收录于《关于疯狂》)

"制裁"这个词并不温和，但渡边一夫说的是"人性化的制裁"。比如，为了十字路口通行顺利而制定的交通规则，如果不遵守交通规则就会发生交通事故，所以为了维护交通秩序，对违反规则的人有必要实施惩罚，进行人性化的制裁，这是显而易见的。

一个国家的法律原本不应该是暴力性质的产物。不过，如果它对于建立真正的秩序没有效用，那就会变成非人性化的暴力产物。如果是无用的法律，人们就不必去遵守，或者就算是有不遵守法律的行为也不至于扰乱秩序。若是对这样的人施加制裁，就是暴力性制裁。

渡边一夫认为，维持既成秩序的人应该认真思考，虽然这

---

[1] 渡边一夫（1901—1975），日本法国文学研究者、翻译家、教育家。毕业于东京大学文学部法文专业，曾任东京大学、明治大学、立教大学、明治学院大学教授，是诺贝尔文学奖得主大江健三郎的恩师。

种秩序提供了安宁和福利，但令人得到恩惠的秩序是否永远正确呢？他说："应该有义务去弄清楚，那些打乱秩序的人中，有的人比其他人加倍感受到既成秩序所存在的缺陷，有的人甚至成了这种缺陷的牺牲品而深受折磨。"(《关于疯狂》)

我们不应排斥质疑当前秩序有缺陷的人，正因为这类人的存在，我们才不得不反省当前法律的正当性。

这不仅是"比其他人加倍感受到既成秩序所存在缺陷的人，成为这种缺陷牺牲品而深受折磨的人"的问题，哪怕只有一个人成为秩序缺陷的牺牲品而深受其苦，也是大家的问题。

对不宽容者是否应该宽容

渡边一夫说，限制人的随心所欲，谋求"社会整体的和谐与运作"（《关于疯狂》）的规则或法律，原本应该是有利于秩序的形成，之所以会让人感到具有暴力性，是因为要求别人遵守法律的人毫无反省之心，态度傲慢，行事教条。渡边是把拿法律当挡箭牌欺负弱者的人作为例子，比如在十字路口上态度蛮横的交警。但是在当今日本，政客们毫无理性可言，不愿倾听大多数国民的反对声音，硬是将"无法让人理解秩序必要性"的法律强加给国民。

渡边在《为了保护自己，面对不宽容，宽容应该成为不宽容吗？》一文中，专门对个人之间的宽容与不宽容进行了阐述。他对这个问题的回答很简单，那就是"宽容不应该为了保护自己，面对不宽容，也要宽容待人。"

**如果既成的秩序存在缺陷，就不能说不遵守秩序的人不宽容。相反，是那些想要通过不人性化的制裁把秩序强加在别人头上的人不宽容。如何与这样的人对峙呢？如果说不应该采取不宽容的态度，就只有尝试去说服他们了。

那么，当不宽容的人与宽容的人互相对峙时，会发生什么事情呢？宽容的人通常是无力的，会战败而去。这就像是人在原始森林里遭到猛兽的袭击一样。不过，**人是不可能去说服猛兽的，但不是完全没有机会去说服不宽容的人。**这就有了"些许光明"（《关于疯狂》）。

话虽这么说，要说服别人还是有难度的。渡边说，宽容与不宽容之间的问题，是"对彼此之间的理性、知性和人性有所预期的同类人之间的事情"，也是"处在普通人的**情况**下必须**首先**考虑的"（《关于疯狂》）。

政客中应该也有理性的"普通人"，因此不必灰心，说服他们虽然很难，但不能在进行说服之前，就不加批判地接受政客们的所有想法。当然，这也不是说政客说的、做的都是错的，而是说我们要有思想准备，与政客是不容易建立联系的。

建立真正的秩序

如前所述，耶稣说"动刀兵"并不是要让人与人对立，还说："莫想我来要废掉律法和先知；我来不是要废掉，乃是要成全。我实在告诉你们，就是到天地都废去了，律法的一点一画也不能废去，都要成全。"(《马太福音》)

耶稣之所以说他来不是要废掉律法而是要成全律法，意思是说，他是为了成就真正的律法，或者是为了成就真正的律法精神而来的。

人与人之间的关系也不是理所当然就形成的。比如，不能说因为是亲子，关系就一定好。如果认为父母理应爱子女，那么当父母不爱子女，或者子女不爱父母时，人们就会感到很痛苦了。或者有的时候，就算子女没有对抗也没有反驳父母，看上去保持着良好的关系，那也只不过是亲子双方自以为关系良好而已。

父母如果不说一些会引起子女反抗的事情，子女就不会反抗。虽然很多人认为任何孩子都会有叛逆期，**但其实没有所谓的叛逆期，只有引发子女反抗的父母**。如果明明是父母说了一些不讲道理的话，在旁人看来都会觉得孩子忍受不了，但孩子没有表示反抗，而是顺从了父母，那就有问题了。在这样的情况下，孩子最好是能够反抗父母不讲道理的言行。要不然，**不会反抗父母的孩子长大成人，也为人父母的时候，就会用当时父母对待他的那一套来对待自己的子女了。**

我在前面提到过，小时候受到父母虐待的孩子，当别人对他说他的父母做得太过分了，他反而会反驳说"没这回事"，还说自己父母挺好的。因为有的人想证实自己以前是受父母喜欢的，所以会像父母虐待自己一样，虐待自己的孩子。还因为这样的人想要证实：如果自己虐待孩子也还是能爱孩子，那么父母虽然虐待我也是爱我的。这就导致了虐待的恶性循环。

不仅是亲子关系，在职场的同事关系也一样。哪怕只有一个人说"这可能不对吧"，那么，或许因为这句话导致共同体的一体感和连带感消失。然而，**一体感和连带感的消失，正是建立真正联系、真正秩序的起点**。正因如此，我们必须重新审视这种在不自觉中形成的关系。这就是耶稣所说的"动刀兵"，就是"分离"关系的意义。

第五章

不操控他人，
不奉献自己

什么是真正平等的关系

只因为是亲子而形成的关系,不是真正的关系,所以有必要给这种关系"动刀兵"。为了与他人建立真正的关系,具体而言就是与孩子、学生、同事或下属建立怎样的关系比较好。**首先,我们要理解应该建立怎样的关系,不然就不可能改变现有的关系。**

如果没有特意去认识人际关系的存在形式,就很容易陷入**非依赖即控制的关系之中**。要控制希望依赖别人的人是轻而易举的。这种依赖与控制的关系是一种纵向关系。大人批评孩子、上司批评下属的时候,就是纵向关系。因为在某种意义上是把对方置于自己之下,才能批评他们。下属不容分说地批评上司的情况应该很少见吧。

表扬也是因为把对方置于自己之下。**虽然表扬是一种评价,但与其说是客观公正的评价,不如说是以对方的无能为前提的。**就是说,本以为对方不行,才会在他成功的时候表现得很惊喜。

因此，即使你受到了表扬，也不要为自己被置于纵向关系之下而感到高兴。

难道没有依赖与控制之外的关系吗？有。在纵向关系之外，还有一种横向关系，这是一种独立的、对等的关系。不知道还存在依赖与控制以外关系的人，是很难理解独立、对等的关系是怎么回事的。我们就来探讨一下：这究竟是怎样一种关系，又该如何去建立呢？

停止顺从他人，才能拥有自我

在人际关系中，很多人都经历过被置于他人之下的情况。在亲子关系中，有的人小时候不愿意这样被父母管着，但是长大以后反而很希望被父母管。

原因正如我们已经讨论过的：服从命令的人不需要负责任。这样的人，即使发现上司所说的是错误的，即使看到上司有不正当行为，也是什么都不说。无论是想说的、该说的，他都不说。**从人际关系的角度来看，为了建立真正的关系能做些什么，首先必须做好对自己言行负责的思想准备。**

按照上下关系来看待人际关系，对许多人而言已经是一种习惯了。韩国作家孙元平[1]在她的小说《三十岁的反击》中讲述了

1　孙元平（1979—　），韩国小说家、电影导演和编剧。在西江大学获得社会学及哲学学士学位后，又进入韩国电影艺术学院导演专业学习。主要小说作品有《杏仁》《棱镜》《别人家》等，还有电影作品《无情人间》《你的意义》《女儿》等。《三十岁的反击》是她的第二部长篇小说，获第五届济州和平文学奖。

在某文化中心发生的事情。一般来说，做讲座时，讲师坐在前面的座位，听讲座的人坐在和讲师面对面的另一边。但这部小说写道：一个人物指出，有的人误以为一坐到前面的位子上，自己就高人一等，了不起了。

在韩国"世越"号客轮沉没事件之后，韩国的作家等知识分子出版了文集《盲人之国》，作家裴明勋[1]写道："当回答问题的人改变位置坐到了提问人的位置上时，世界就要崩溃了。"（《谁来回答？》）

在日本，出现什么事件时，本该出来回答的人却不做回答，还满不在乎地说什么"请允许我不做回答"。想必是高高在"上"的人批准他们这么做的吧。连提问的记者们也默许了这种做法。

回到之前的话题，很多人无法摆脱上下关系的思维，总是按照坐的位置来判断自己的身份是在上还是在下。我们在前面讲述过母亲在校门口等孩子放学的例子。孩子看到母亲的时候，母亲问孩子是否喜欢自己，尽管孩子说了不喜欢妈妈，母亲也还是赋予了孩子属性，说孩子是喜欢妈妈的。

这种时候，孩子和家长各自的反应都是因人而异的。孩子可能会说"非常喜欢妈妈"，但并不是每个孩子都会这么回答。母亲听到孩子说"不喜欢"就接受不了。而如果孩子不开口说话，

---

[1] 裴明勋（1978— ），韩国科幻小说家。毕业于首尔大学外交学专业。主要作品有《镜》《神的轨迹》《隐匿》《轰炸美食店》《吱吱的重大任务》等。

父母就不知道孩子在想什么了。

即使不知道孩子在想什么，父母也只能接受这个事实：孩子不再像小时候那样喜欢父母了。**教育和抚养的目标就是让孩子自立，因此，无论是以什么方式，如果孩子能够逐渐脱离父母，有了独立人格，那就说明教育成功了。**

就算父母对孩子的离开感到寂寞或者悲伤，那也是必须由他们想办法解决的事，不能让孩子来解决。不能对孩子说"你这么说妈妈会伤心的，你得说最喜欢妈妈"，不可以把只有自己才能解决的问题推给孩子。

孩子也没有必要接受家长赋予的属性。在连恩所举的例子中，等在学校门口接孩子的母亲张开双臂准备拥抱孩子，孩子却站在母亲的不远处。母亲看到后就问：

"你不喜欢妈妈吗？"

"嗯。"

母亲就打了孩子一巴掌。也许很多人会说母亲这么做太过分了，但是孩子在表明不喜欢妈妈而被打的瞬间，便摆脱了被母亲赋予的属性，成为与父母分离的"他者"。也就是说，父母与孩子之间产生了距离，孩子形成了自己独立的人格。

父母一直在赋予孩子属性，或许会说你是个孝顺的孩子，是个优秀的孩子。但是，当孩子拒绝被属性化时，父母却感到不能接受，不由自主地打了孩子。这时，孩子就能够摆脱父母赋予的属性了。

孩子如果不接受父母所赋予的属性，与父母的一体感就消失了。这时孩子或许会感到孤独，但为了从父母身边独立出来，获得自由，这是必要的经历。

如果孩子、孙辈开始反抗父母、祖父母，或者职场的年轻人反抗上司，**他们不再对人言听计从，能够表达自己的意见，就意味着成为独立于他人的存在**，是值得高兴的事情。

勇于反对，收获大于代价

在职场上，也会发生和家庭同样的情况。**无论上司说什么都不反对，只会唯唯诺诺的人，就像幼儿一样觉得自己和上位者不是彼此分离的，在这个意义上也就成了依赖上司的存在。**下属对上司说的话不加批判，一味接受，这并不是值得高兴的事情。如果上司看到自己周围都是唯唯诺诺的人，就会把自己的想法强加给下属，下属也就按照上司的想法工作。在这种情况下就没有真正有能力的下属了。

也许上司希望下属服从自己，不管什么事都按自己说的做。不过，如果下属不表示反对，顺从行事的话，上司反而要注意这种情况了。如果下属对上司并不是言听计从，这反倒是好事。为什么这么说呢？

上司会给下属赋予属性，比如评价下属说"这个下属能按我指示办事，很有能力"。下属听到上司说自己有能力，大概会觉得高兴。但是，有的下属实际上能力不足，却被赋予了这种属性，这就成了一种压力。既然自己表现不出那么高的能力，下属就会尽量服从上司的指示，以博得上司的欢心。

如果下属真的有能力，就不会一味服从上级的指示。不服从上司就是有能力的证据之一，如果上司的指示出错了，有能力的下属就不会服从。有的上司并不愿承认这样的下属是有能力的。因为要是下属有能力，或许上司就会暴露自己的无能。

为人不要千依百顺。尽管从上司的视角看，与唯命是从的下属不同，那些主张自我的下属有时候很难对付，但是指导下属向着超越自己努力就是上司的工作。

发现自己的顺从,是抗争的第一步

前面我们探讨过,弗洛姆所说的权威可分为合理性权威和不合理权威。但最大的问题是,人们并没有意识到自己正在服从不合理的权威。**如果我们毫无察觉就顺从那些拥有不合理权威的人,就无法从中脱离。**

弗洛姆以德国纳粹负责屠杀犹太人的阿道夫·艾希曼[1]作为例子。弗洛姆评价他是一个"典型的'组织人'(organization man)",是被异化了的官僚象征。艾希曼把男女老少都只看作一个号码。他在讲述了自己所做的事情之后,或许都没有意识到自己究竟都做了些什么吧。因此,他坚信自己是无罪的。

弗洛姆是这样描写的:"很明显,如果他再次放在同样的境况下,还会做出同样的事情吧——而我们也一样。"(《论不服从》)

因为艾希曼完全没有反省,还认为自己是无罪的,所以如果

---

[1] 阿道夫·艾希曼(1906—1962),纳粹德国高官,是在犹太人大屠杀中执行"最终方案"的主要负责者,被称为"死刑执行者"。

能重新选择一次，他还会做同样的事情。而我们也会被置于类似的境况下。

这说的就是不加批判地接受上司的指示，将其认定为自己的工作而去执行。如果我们对于这种所谓组织人的立场不抱怀疑，也可能会做出像艾希曼一样的事情。

弗洛姆的这种论点受到了批评。批评意见说，如果说我们每个人可能都会做出同样的事情，就会模糊批判纳粹罪行的焦点，从某种意义上来说，就会原谅犯下罪行的人，使得责任暧昧不清。

不过，即便是给人定罪也解决不了问题。因为像艾希曼这样的罪行并不是某个特定的人的所作所为，而是任何人被置于同样的状况下，都有可能干出同样的事情来。**如果我们认识不到这种可能性，就无法思考应该怎样防止这样的事情再次发生，也就有可能重蹈覆辙。**

我们不能认为这种问题事不关己，因为我们不能断言自己绝对不会做出艾希曼那样的事情来。失去了不服从的勇气，感觉不到良心谴责的"组织人"，并不是只有艾希曼一个。

人生大部分事，根本不需要父母同意

曾经有位大学生来我这里做心理咨询，说自己患有神经性贪食症（以下简称"贪食症"）。有一天，这个学生说："一想起前一年有十天没去大学上课，就心情不好。"

我觉得大学生休息十天没上学并不是什么大问题，于是就问她为什么不开心。她说，虽然自己不想去学校，但是母亲命令她去学校，还说因为家里已经给她付了学费，所以不允许她不去上学。

我遇到的很多来做心理咨询的年轻人，从小都没有和父母顶过嘴，就算被父母命令去上学，应该也能说不去，但这位学生认为父母说的话很有道理。所以她出了家门，但又不想去学校，于是就在学校和家之间找个地方消磨时间。比如，她会在公园或者咖啡馆待到傍晚，再若无其事地回家去。这种日子持续了十天。但是，她现在一回想起当时的情形，心里就很难受。她讲完，还叹了一口气。

不去学校就听不了课，考试就得不到好成绩，或许还会丢了学分。所以,我并不认为学生不去学校也没事,但去不去学校应该是学生决定的事情。

我对这位同学说:"如果连去不去学校你都不能自己做决定,那么包括就业在内,今后的人生道路该怎么走,你也做不了决定。如果什么事情都被父母决定,本来属于你的人生就过成了父母的人生,你愿意这样吗?"

于是她意识到,有的事情可以不请求父母的同意,自己做决定就行。虽然我觉得她应该在更早的时候就知道这个道理,但因为身边大人们的影响力太强,她已经习惯了服从,所以大概从来没想到过自己去做决定吧。

就这样,这位学生意识到了自己以前依赖于父母,对父母唯命是从,从此慢慢地就学会自立,不必看父母的脸色行事而是自己来做决定了。**为了从依赖与控制的关系中摆脱出来,每个人都必须有这样一个自立的过程。**

虽然弗洛姆给出了"不服从"一词,但在现实中,还必须有不服从的勇气。**不服从并不一定意味着反抗,而是说没有必要全盘接受父母所说的话,不必事事顺从。**

有一对父母在查找了大学的偏差值[1]以后,想让正在读高中

---

1 在日本,偏差值是计算学生智能和学习能力的一种公式。日本高考后,各大学在录取学生时基本采用该次考试的偏差值来评价考生的学习能力,并作为是否录取的重要标准。

的孩子报考他们希望的大学。平时从不发表意见的女儿说："因为这是我的人生，所以希望你们能让我自己来做决定。"一直以为女儿唯命是从的父母听了女儿的话大受冲击。

接着女儿又说："如果我去了爸爸希望我去的那所大学，读了四年觉得自己要是没上这所大学就好了，到那时我会恨爸爸一辈子的。就算这样你也愿意吗？"

如果女儿真选择了父母要求的那条人生道路，也不是说因为子女有义务去服从父母，所以女儿现在这样说了，以后就真的可以将责任转嫁给父母了。但是，**如果不听从父母的意见，由自己做决定，去选择自己的人生，就要独自为结果负责。**

按照父母所说的去生活的子女，并不是性格温顺，他们只是不想承担自己选择人生道路的责任。

别再用"自我伤害"向他人效忠

前面介绍的那位去不了学校的学生主诉是贪食症。阿德勒认为,与其说神经症是心灵生了病,不如说是需要"对手"。也就是说,神经症是针对某个人的,在患者和对手的关系中需要这样的症状。阿德勒说,因为在这个意义上症状是有必要的,所以,如果只是去除症状,那么"有一种神经症患者能惊人地快速甩掉病症,此后又毫不迟疑地装出新病症"(《自卑与超越》)。

于是,在和这位学生的咨询过程中,我就以她周围的人际关系为切入点进行询问。果然,她提到了自己的母亲。患上贪食症的原因究竟是什么呢?她几乎任何事情都是听从母亲的。实际上,母亲跟她说不能休学,必须去上学的时候,她虽然没有去学校,但还是听母亲的话走出了家门。但她其实不想对母亲言听计从。于是,她想"只有我的体重是连母亲也没法控制的",结果她就患上了贪食症。

但是,孩子其实没有必要因为被家长反对休学,就患上贪食症。我听了年轻人的诉说，总觉得他们很可怜，为了反抗父母，他们做出的事却只是对自己不利（不去学校上课的后果要自己承担），有的人甚至还给自己的身体造成了痛苦。**用这种方式来反抗父母的孩子仍是在依赖父母。**父母看到了孩子的这种情况肯定会担心。也许孩子在等着父母对他说："好了好了，就随你便吧！"**若是这样，只要自己来决定自己的生活方式就行了，根本没有必要去左右父母的心思。**

那么，这位女学生该如何是好呢？她只要明确地对父母说"我今天不想去学校"就行。当然，她的父母也许会说"不能不去学校"。父母对孩子不听自己的话而感到吃惊和生气，那也只能让父母想办法解决了。

第六章

直面孤独的勇气

不要迷信"常识",那是别人的经验

对于顺从的孩子来说,父母就是权威。按照弗洛姆所说的来看,虽然教师是合理的权威,但如果小学生、中学生、大学生都对教师所说的不抱任何疑问,教师的权威就会成为不合理权威了。想要不盲从权威,必须怎么做呢?弗洛姆是这么说的:"建立关系和自我认知时都必须有理性。如果我只是被动地去接受印象、思想或意见,就算我能够比较和使用这些东西,也无法看透它们的。"(《健全的社会》)

弗洛姆所说的"被动地接受",阿德勒是用"reactor"(反应者)一词来表达,意思是人们从外部受到刺激或者接受外部发生的事情,并对此做出反应。虽然很多人都是这样想的,但人不是只会接受外界事物的被动的存在,而是 actor——我把这个词翻译为"行动者"。我不知道 reactor 一词中是否也包含了 actor 的意思,不过,**人不是被动地受外界影响,而是在受到影响后,自主决定行动的。**

弗洛姆使用了"reason"（理性）一词，人并不只是接受来自外部的印象，还能够动用理性来判别、判断它是什么，是否为真理。只要人不能根据理性来判断他人的思维和常识是不是真理，就会服从于权威。

当人变得依赖时，就无法靠自己做出任何判断了。弗洛姆说，我们不仅要发现存在于表面的东西，还必须"穿透"（penetrate）到事物的内部，才能看到事物的本质与核心。

停止"物化"自己

弗洛姆接着还说，只有在我就是"我"的时候，才能够运用理性。他说："笛卡儿从'我思'这个事实，来推论作为个人的'我'的存在。他说'我疑故我思，我思故我在'。反过来也一样。如果我就是我，那么只有当我没有在'那'之中失去我的个性时，我才能够进行思考。也就是说，才能够运用我的理性。"（《健全的社会》）

弗洛姆所谓的"那"，就是前面所说的社会或者常识，"我"只有在身处普通人中间还不迷失个性的时候，才能够进行思考。**大人养出了依赖性的孩子，结果就是，他们大多数人长大后也会埋没在社会或常识中，失去自我。**

有的家长不希望孩子有个性。如果孩子说自己要在中学毕业后马上就去工作，家长就会激动起来，迫使孩子改变主意。他们认为，如果走和社会上一般人一样的人生道路，孩子就不会遇到大的失败，大抵能过上普通人的生活。**如果孩子接受了大人们的**

劝说，就不再是独立的"我"，而是空洞的"人"了。

人们一旦接受了这种教育，虽然有自己的意见，但无法抱有确信。弗洛姆说，他们虽然生活得很快乐，但是很不幸。弗洛姆关注到，有的人为了没有人格的匿名权威，甚至能牺牲自己和孩子们的生命，并容忍讨论核武器战争时对死亡人数的计算——像什么国民有一半人被杀也完全可以接受，而三分之二的人被杀大概就不能够接受了，等等。

参与这种讨论的人，把人类看作物，根本没想过自己也会被杀。如果把人类看作具体的个人，那么，无论是在伦理上还是在道义上，都是无法做出这种计算的。

不把人类作为有人格的个体来看的人，如果被置于与艾希曼相同的境况下，或许就会做出与艾希曼同样的事情来。**自我矮化来服从权威的人，就会容许他人将自己去人格化，看作物品、符号。**

即使认为自己绝对不会做出艾希曼那样的事情的人，在新冠疫情时期，也可能会把人看作物。那时候，日本每天都有很多人死亡，但是有的人只看死亡人数。我想他们并不明白每一个人的死亡究竟是多么严酷的事情。若是哪个家庭有人死亡，那么对于留下来的家属，他们的人生就无法不发生巨大的改变。

然而，在当时的日本社会上，大家只关注感染人数和死亡人数，不久就什么感觉都没有了。之所以会变成这样，教育方面虽然存在问题，但还是因为不知不觉之间大家都被社会价值观洗脑了。有极端的经济学家发言，大意是说，为了解决日本的老龄化问题，高龄老人应该自杀。发言者和同意这种说法的人，或许是都把自己置之度外了，根本没想到过自己也会变老。他们不把人看作是具有人格的，这本身就是个问题。但是，更让我感到震惊的是，他们从经济效益的视角把高龄老人看作毫无用处的。关于这个问题，我们在后面还会谈到。

如果我们就这样不加批判地接受错误的价值观，那么我就不是"我"，他人也不是"个人"，而都只能被看作"物"了。

为了不让这样的事情发生，我们必须从早期就掌握自我判断的能力。**培养孩子能够理性地思考事物是大人们的责任。**但是，许多大人都不会理性地进行思考，所以才会说什么人生必须取得成功之类的，肯定那种从经济效益来看价值的价值观，并迫使孩子不加批判地接受。可是，就算大多数人都认可了这种思维方式，我们也必须停下脚步来，认真思考一下。

每当我想到，也许有相当多的人赞同并接受现代社会不需要高龄老人这种想法，就感到心情十分沉重。

跟随权威，让人产生自我强大的错觉

当一个人作为"组织人"活着时，就很难不服从权威。因为"组织人"会觉得只要服从权威就安全了，而不会去问自己服从的权威是什么。

还有人一旦服从了权威，就会陷入一种错觉，好像自己就能变得很厉害或者很强大。这种狐假虎威的人，就像是在公开宣称自己毫无价值。

弗洛姆说，艾希曼是我们所有人的象征，我们可以从自己的内心看到艾希曼。有的人即便认为上司言行不当，也不会出言提醒。这就说明，在他的内心里存在着一个艾希曼那样的人。

现在的日本社会上，不可理解的事情层出不穷，但这不仅仅是蛮横行事的人造成的问题。**我们应该反省一下，自己是否也以某种形式促成了一个只有服从权威的人才能生存的社会。**

有的人会觉得，事情都是权威人士决定的，所以自己没有错。他们觉得权威人士会保护自己，所以不会变得孤立无援。他们甚至认为，因为都是权力机构允许的，所以不可能会犯罪。因此，这类人即使想过自己收到的指示不正当，似乎会对自己不利，做了这样的事情有可能会受到处罚，但还是不觉得有问题，他们认为只要自己服从权威，就不会发生这些事。在现今社会，这种服从权力的人往往比较受益。

确实，有的时候说假话的人即使暂时声名狼藉，之后也能得到晋升。但是，这样的人是否真的占到了便宜，我看也未必，也许看上去是受益了。但是，下达不正当命令的掌权者的真正目的就是榨取和控制，归根结底，他只是想获取自己需要的东西。实际上，不正当的行为一旦东窗事发，上司就会满不在乎地说："那都是下属擅自行事。"

我想，如果有人看到或听说了有这种事情发生，是否就不再想服从上司了呢？即便如此，有的人在问题暴露时，也不会违抗上司。他们认为只要是按照命令行事，在职场就不会被孤立。

当职场上发生了什么不正当的事情时，如果有人指出这好像不太对，那么职场的秩序与和谐就会立刻被打乱。上司就不用说了，连同事也会认为是指出问题的人不对。而且，这样还会让人担心自己会不会因此丢了工作，所以害怕陷入这种境地的人就什么也不会说。有的人认为如果不能给上司留下一个好印象，以后就很难升职了，因此对于上司的不正当行为视而不见。

弗洛姆在《自我的追寻》中说："人必须按照自己的理性来

做判断或下决心时,也必须是孤独的。"

三木清也说过类似的:"所有人间的恶,都是由不能忍受孤独而产生的。"(《人生论笔记》)

如果你觉得一旦告发了职场内的不正当行为,就会对职场全体人员不利,进而害怕包括上司在内的其他人都对你印象不好,于是选择了沉默,那么坏事就会横行。**但重要的是,你要依据自身的理性做出判断,而不是跟随他人的看法。**

被孤立不等于孤独

断定某件事情不正常的人,或许会受到孤立。但是,**就算陷入孤立,也不意味着孤独**。借用阿德勒的话来说,这是因为还有支持你的"伙伴"。

"伙伴"这个词在德语中是"Mitmenschen",指的是人和人联系在一起。我们在前面提到过,阿德勒将这种状态称为"Mitmenschlichkeit",也就是"人和人相互关联的状态",就是"共同体感觉"。人不可能独自生存。不把其他人认作自己的敌人,而认为他们在自己有需要的情况下是会伸出援手的,这种想法就是阿德勒所说的"共同体感觉"。

如果你认为周围的人都会对自己不利,都是与自己对立的敌人,就不可能想到要为他人做贡献。要知道,只有当你产生了贡献感,才会觉得自己有价值,才能进入人际关系之中。**而无论是幸福,还是生存的喜悦,都只在人际关系中才感觉得到。**

当你意识到周围有支持自己的伙伴，就不会感到孤独。这说的不只是在职场，在社交媒体上发信息可能会受到攻击，但是也会遇到很多赞同你的人。如果一个人能意识到周围有支持自己的伙伴，就能够相信他人。这样即使遭到了孤立，你也会认为那只不过是暂时的，或者是表面现象。**想要不迷失"自我"，就不能恐惧孤独。**

质疑，是找回清醒的开始

为了做到不依赖权威，不盲从权威，看到不正当的行为能够指出，我们就必须具有理性。

还有，必须怀疑一切。这是弗洛姆的座右铭。弗洛姆在经历了第一次世界大战以后，对自己说必须怀疑一切。**世界上没有任何事情是不证自明的，对每件事都必须保持怀疑。**"怀疑"是哲学的出发点。

即使是许多人都认为是正确的事情，如果有人提出怀疑说是否真的如此，那么将会怎么样呢？弗洛姆认为：怀疑、批判、不服从的能力可能决定人类的未来，甚至是文明的终结。如果我们不能在现在这段历史的这一时期进行批判或怀疑，那么就没有人类的未来，或者说，文明将会终结。(《论不服从》)

我们还必须时刻保持清醒。许多人看上去是睁着眼的，实际上还在睡着，他们还未能把握自己的境况。弗洛姆说，所谓预言家，原本指的是《旧约全书》里的预言家，但是现在各个国家、各个时代都出现了这样的人物。所谓预言，并不是指预先说出将要发生的事情，而是指保管着神所说的语言。预言家主要是向人们传达神所说的话，提醒人们照现在的情形发展下去会发生什么事情，但是神并不希望那样的事情真的发生。

弗洛姆还说，苏格拉底也是预言家。(《论不服从》)在公元前5世纪，苏格拉底与雅典青年进行过一场对话，他是怀疑一切的。

有人去德尔菲接受阿波罗的神谕，神谕说："没有比苏格拉底更聪明的人了。"苏格拉底对此毫不知情，在听说这件事后，他感到很困惑，说自己明明什么也不知道，为什么神会这么说呢?

于是，苏格拉底为了证明神所说的是错误的，就"遍访"了被称为智者的人。(柏拉图《苏格拉底的申辩》)苏格拉底与他们进行问答，弄清了他们虽然被称为智者，却什么也不知道，因此并不是什么智者。

苏格拉底心想：我也确实和他们一样，什么都不知道，从这个意义上来说，自己是无知的。但是，我和他们不同，知道自己什么都不知。仅仅是在这一点上，与那些被称为智者的人相比，还算是有智慧的。这就叫作"无知之知"。

苏格拉底不是"智者"，而是"爱智者"，也就是爱智慧的人。这就是哲学家的本义,不是智者,而是爱智慧的人、求知的人,是想要认清自己不知道的事情的人。苏格拉底这种"爱智"的出发点,就是意识到了自己什么都不知道。

爱智者不是无知者,但也不是智者。爱智者位于无知者与智者之间。什么都不知道的人是不会想去探索的,而智者已经知道了,也就不需要探索了。 而爱智者不会囫囵吞枣地接受被认为是智者的人所说的话。只有认为自己一无所知,但是想要知道的爱智者,才会探求智慧。

苏格拉底将自己比作围着动物叮咬的牛虻。对于睡着的人来说,牛虻非常讨厌,因为被牛虻叮了就睡不着了。苏格拉底就像牛虻,不仅自己保持清醒,还要让每个人都必须持怀疑态度,思考事情的真伪、对错。

但是,我们平时都会讨厌说这种话的人吧。苏格拉底究竟怎样了呢?结果他被控告上了法庭,理由是说他不相信国家规定的宗教,但实际上他被指控的真正原因是说他蛊惑年轻人。因为年轻人也像苏格拉底一样,与被认为是智者的人进行对话,揭露了他们并不是什么智者的事实。

年轻人究竟是受到了谁的影响呢?当法庭知道是受到苏格拉底的影响时,苏格拉底遭到了审判,被判处有罪。他还在法官们面前进行了一场演说,说自己的所作所为是正确的。这触怒了陪审团,苏格拉底最后被判处死刑。

预言家是觉醒的人。我们也希望觉醒。住在倾斜的房子里的人察觉不到自己生活的空间是倾斜的。所以要想成为预言家,我们就不能和其他人站在同一个地平线上,否则就看不见现实的社会上正在发生什么。因此,**我们必须不断地觉醒,必须对所有一切秉持怀疑态度。**

敢于指认罪恶，就是捍卫良知

要想不放过不良行为，不屈服于不正之风，就必须听从良知。弗洛姆是人文主义者，他在使用"humanity"（人文、人道）一词时，将其区分为"内在的"和"外在的"两种。所谓"内在的humanity"，就是"理性"和"良知"，也就是"自我本身"；与此相对，所谓"外在的humanity"，就是指"人类"。

虽然前面我们说过必须变得孤独，但是，哪怕你因揭发上司的不正当言行而在职场受到孤立，在更大的共同体内也不是孤独的。

有的人能够通过属于人类（外在的humanity）的心中的理性与良知（内在的humanity）来判断什么是正义。在职场里有这样的人，而在比职场更大的共同体内，这样的人就更多了。**如果你能够感觉到自己与这些有良知的人是联系在一起的，就不会感到孤独了。**能够感到自己绝不孤独，是与其他人相联系的，这就是阿德勒所说的共同体感觉。

问题是，良知的声音太小。很多人听得见别人发出的很大的声音，却不愿倾听自己内心的声音。所谓"人的声音"，不只是字面意义上的声音，而是指我们正暴露在四面八方的意见和思考之中。在如今这个时代，外部充斥着太多的声音，比如社交媒体、报纸、杂志、电视、收音机，或者和别人的闲谈，等等。无论你愿意或者不愿意，巨大的声音都会传到你的耳朵里。

但是，如果我们只顾着去听巨大的声音，就会被弗洛姆所说的匿名权威控制。你以为是自己的想法，实际上并不是自己思考出来的，而是把其他很多人所说的当成了自己的想法。在社交网络上，很多人在浏览内容时不加思考，不管是错误的还是虚假的内容都会转发。而后续订正的信息阅读量却很少。**错误信息一旦传播开来，后果不堪设想。**

正因如此，我们才必须倾听自己良知的声音。**要想倾听良知，就必须孤独，有时候还非得远离人群不可。**弗洛姆说："听从自己之所以如此困难，是因为这一艺术需要另一项现代人罕有的能力：自我独处的能力。"（《自我的追寻》）

前面我们也谈到过，**之所以陷入孤立也不会感到孤独，是因为个人与人类的连带关系是绝对不会断绝的。**能认识到自己绝不是孤身一人，而是在与他人的关联中生存的人，就能拥有勇气。这看起来指的是能对别人说"不"的勇气，其实，**认识到自己活在和他人的关联之中，并且是和有理性、有良知的人相互联系在**

一起，也是需要勇气的。

很多人没有这样的勇气。在社交网络上，有一些拥有很多粉丝的网红博主因为知道自己拥有铁杆粉丝，所以就故意进行诽谤、中伤，发表一些极端言论。虽然他们看上去好像很自信，但是我想，大众不会认可他们是在发表理性的、有建设性的言论。所以，他们就是在为了受到关注而发布极端言论。而且，在封闭的共同体中，他们深信自己即使发表那样的言论也一定能够得到粉丝支持，实际上也确实得到了一定数量的支持。**但是，这种仅在封闭的共同体中才会形成的关系是虚假的。**

他们想通过在虚假的关系中夸耀自己的优越性，满足自己扭曲的认可需求。这种人或许没有体验过"翻车"的经历就很难改变。**可是，应该携起手来的并不是那些叫得响的人，而正是那些既能倾听良知又能进行理性思考的人。**

在愤怒面前，孤独不值一提

不正当的行为不只是在职场才有。在现代社会里，不讲道理的事情太多了，我们每天都会听闻这类事件，大概没有人不感到气愤。

对不正当行为视而不见就不会引起风波，但是，如果发声说"这不对"，就会失去和共同体的一体感或连带感。若是拒绝参与不正当的活动，就会引起摩擦。可是，**就算没有直接参与，对其他人的不正当行为视而不见也是在助纣为虐。**

害怕产生摩擦、不想被责怪破坏了一体感的人，就会选择默不作声。只要默不作声，共同体的秩序就不会被打乱，或许就可以避免让自己陷入不利的处境。不过，与之相应的是，职场的不正之风、社会上的恶劣现象，就会蔓延开来。

因此，**无论受到怎样不利的打击，我们也要对不正当行为发声。**即便结果是在职场会被孤立，我们也必须拿出勇气来对不正当行为表示心中真正的愤怒。

三木清虽然否定情绪性的愤怒，但认可对不正当行为的愤怒，认可在自尊心受到伤害时的愤怒。他使用了"公愤"一词。他说："正义感之所以常常表现于外，是因为需要一个公共场所。正义感就是最大的公愤。"(《论正义感》，收录于《三木清全集》第十五卷）

真正愤怒的人是不怕孤独的。

"只有明白孤独是什么的人，才懂得真正的愤怒。"(《人生论笔记》)

反之，不能表示真正愤怒的人，对不正当行为视而不见的人，是不会懂得什么是孤独的。也许不表示愤怒就能维持和他人的联系，但是这算不上是真正的关系。**会真正愤怒的人深知，就算与他人断绝关系，自己也不会变得孤独。**

我们在前面已经谈到过，就算是对上司唯命是从，包庇上司的不正当行为，但在不正当行为暴露后，上司就会将责任推给下属，说是下属擅自行事。就算不是为了保护上司，而是为了保护自己，当责任转嫁到自己头上时，这样的人才会意识到自己的所作所为是毫无意义的。

知道什么是孤独的人，即使是因为坚持正义而受到了损害，也能明白失去的只是虚假的关系而已。哪怕自己所在的组织中没有任何一个人支持自己，在别处也一定存在支持自己的人。明白了这个道理，就不会害怕孤独。

"所有人间的恶,都是由不能忍受孤独而产生的。"(《人生论笔记》)这句话,我在前面也引用过。**即便是虚假的关系被切断了,并因此而变得孤独,真正的关系也是不会断绝的。**

第七章

拒绝他人,
就是成全自己

与别人的期待唱反调，不是坏事

前面提到过一个大学生患上贪食症的例子，她不想去大学上课，但是又拒绝不了父母让她去学校的要求。她不是因为父母提的要求难以拒绝，而是担心拒绝了会导致亲子关系变得别扭。而且，因为是亲子，今后就还得继续来往。**如果害怕发生这种情况而顺从父母，那就活不出自己的人生了。**

不仅是亲子关系，职场上的人际关系或朋友关系也是一样。我写的《被讨厌的勇气》一书出版以来，"被讨厌的勇气"这个词就脱离上下文，独自流行起来了。**但我并不是在劝说人们一定要被讨厌，而是有的人太过在乎别人的情绪，担心拒绝对方会让对方不高兴，结果出于无奈接受了自己不情愿的事情。我只是想对这些人说不要害怕被讨厌。**

孩子不再像父母理想中那样听话了，这对于最终促进亲子关系和睦是很有必要的。

三木清在《人生论笔记》中说："我们的生活是建立在期待

之上的。"接着,他又说:"有时候,我们必须拿出勇气,做出与人们的期待完全相反的行动。很多时候,想要按照社会的期待去行事的人,最终却找不到自我了。"

当一个人决定活出自己的人生,违背父母的期待,经历与父母的摩擦时,他才能够发现自我。

只要孩子一直满足父母的期待,亲子关系就能保持稳定。但是,正如我在前面讲到的,三木清举了一个反抗的例子,来阐述这种稳定的关系应该被打破。

他说,在反抗他人之前首先必须反抗自己。他还说,只有否定了自己,把自己彻底破坏,才会明白应该如何开始对待他人。

孩子的反抗会受到父母的制止。

三木说:"当倔强的孩子想把自己的任性坚持到底时,就会受到聪明母亲的阻止,母亲会教导孩子说这样做不好,当孩子理解母亲时,他就会一下子趴在母亲膝盖上放声大哭。我必须以那孩子天真无邪和纯朴的心灵,一边面对大地哭泣,一边去摧毁我那兴奋而反叛的心灵。这时,我的顽固和倔强,就会宛如群集在地平线上的积雨云散作傍晚的骤雨一般崩溃了吧。"(《不可言传的哲学》)

这样的描写只是许多父母期望中的理想情况。三木说,要是真能这样就好了。但是在孩子经历了自我主张与反抗,最终与父母形成良好关系的时候,是不会发生孩子在父母面前彻底崩溃那样的和解的。

孩子不用父母讲道理应该也能理解自己在做什么，只不过是在对父母意气用事。这样的孩子，在母亲教育他的时候，不一定有"一下子趴在母亲膝盖上放声大哭"那样的天真无邪和纯朴之心。孩子对父母意气用事的态度，不会因为受到了父母的教育，就"宛如积雨云散作傍晚的骤雨一般崩溃"的。

按照父母和社会的期待活着的人，不能从他者赋予的属性中获得自由。相反，如果孩子做出了反抗父母之类的行为，那么就说明这孩子正想从父母赋予的属性中摆脱出来。

孩子甚至连反抗父母的必要都没有。如果父母说的有错，孩子只要不服从就行。但"因为是父母说的所以不服从"就不对了。因为父母说的话并不一定不正确。

虽说孩子被父母命令要好好学习才会去学习是有问题的，但因为被父母说了就逆反而不去学习，也是有问题的。因为这种情况就属于依赖父母。无论父母有没有说过"要好好学习"，只要你觉得学习有意思就去学。

在父母的训斥中成长起来的人，做事情时就会看人脸色行事，不能靠自己去判断该做什么。有的人就算从小没有受到父母斥责，也为了满足父母的期待而活着，那么他长大后搞不清为什么这样做的时候，同样没法靠自己做出任何判断。因为大家都在学习所以自己也要学习，这不能构成回答。

我们不是为了满足谁的期待而工作的

年轻人初入职场时,能够发挥才能的机会并不多。**如果年轻人不能马上做出成果就被赶出职场,就很难有充分的时间去从事有创造性的工作了。**

大学的教师也一样,每年必须写出好几篇论文在学会或期刊上发表。但他们还有很多研究之外的工作要做,讲课就不用说了,还要开很多会,所以很难踏踏实实地专心搞研究。

我上大学的时候,听说有位教授三十年都没有写出一篇论文来,感到很吃惊。之所以至今都记得这件事情,是因为除了他就没别人了。我记得当时想过:即使没有研究成果也不会马上被赶出学校,就能踏踏实实专心搞研究了吧。

社会或者大学可能会担心,若是允许这样的事情,会不会出现更多不干活的人呢?但是,只能等待。要有等待的勇气,因为没有办法保证一定能出成果。

然而,在不能马上拿出显著的成果就会丢掉工作的状况下,发生了研究者剽窃论文之类的事情。这就如同学生考试作弊一样。剽窃的人觉得非得拿出成果不可的话，只要是个成果就行，所以做出了不正当的行为。但是，即使研究者靠剽窃得到了一时的认可，之后也会发生拿不出优秀成果的情况。学生就算是靠作弊考上了大学或者考了高分，也会跟不上学习进度。在职场上也有同样的事情发生。

但是，做出这样的不正当行为，并不只是因为拿不出成果。如果拿不出成果，只要继续进行研究就行。这样的人之所以剽窃也要拿出成果来，除了因为害怕丢了工作，还因为希望被别人认为自己很优秀。**一直是为了满足父母所说的"你是个优秀的孩子"而活着的人，即使是大学毕业参加了工作，也还是希望被别人认可自己很优秀。**

认定自己必须满足他人期待的人，其实是自私的，并非真心想为他人贡献自己的力量。

因为成果并不是马上就能拿出来的，所以我们才需要去努力。如果一个人只关心别人怎么看自己，最终是不可能发挥出自己才能的。

接不接受你的好意，是别人的事

　　我们看到别人有困难时，不因对方是什么人，也不因自己受到什么强制或是感到自己有义务，只是因为想要帮助他就伸出援手，这才是人与人之间真正关系的存在形式。

　　可是，有的人当看到别人有困难时，并不是马上前去帮助，而是在意其他人会怎么看。比如，你在电车上看到有老人站着时，明明只要把座让给老人就行了，却会犹豫不决。在纠结如果被他拒绝说"不想别人给自己让座"该怎么办的时候，他却到站下车了，你也错过了让座的机会。

　　你让座的时候，也许有的老人会生气，说"自己还没有到被让座的年纪呢"之类的。但是你只要考虑自己想不想让座就行，**对方接不接受你的好意是他的事情。**

　　给人让座后对方说了声"谢谢"就坐下是会让人高兴的。但是，你在让座之前就在意别人会怎么想，只在可能会得到对方感谢的时候才让座就很奇怪了。

另外，也有人会想到如果其他人看到自己正在帮助人，他们会怎么评价自己。这样的人在没有其他人看见的时候，也许就不会去帮助有需要的人了。

我们只要考虑自己能否帮到对方就行，没有必要考虑能否得到感谢，也没有必要考虑这样做能不能得到其他人的赞赏。

我们不是为了讨好他人而活的

现今，所有职业都要求人积极上进，年轻人在求职时也都尽量表现得积极开朗。虽然我觉得，为了能被公司录用而扮演与平时不同的自己，并没有什么意义，但是有的人还是会为了获得录用，勉强地做出积极开朗的样子。

有时候即便是碰到对方不合理的要求，比如对方是顾客，就必须面带笑容去接待。无论自己多么不愉快，也必须以感觉良好的态度去应对。

这种表现符合弗洛姆所说的不是"自己的"感情，**长期戴上讨好他人的人格面具，这种面具就会成为自己的一部分，无论遇到任何事都笑脸相迎**。这不是真正的自己，而你也已经搞不清什么才是真正的自己了。

三木清谈论过虚荣心，他说："所谓虚荣心，就是想要表现出超过自己所具备的东西的人性欲望。这或许只不过是假装而

已。但是，对于一辈子都在假装的人来说，要区分他的本性与假性，是近乎不可能的。"(《人生论笔记》)

如果有人觉得扮演好心人和善良的人很体面就持续假装，那么在其他人看来，这个人就是好心人，就是善良的人。

人是生活在人际关系当中的，离开了人际关系，就谈不上什么性格了。人是会根据面对的对象来改变行为举止的。话虽这么说，但如果总是在意别人怎么看自己，借用三木清的用词来说，就是"本性"与"假性"区分不开了。

在职场上不可避免地会碰到不愉快的事，心里感到烦躁，有的人还是一直笑眯眯地应对，这样下来，可能他在不知不觉中就以为这是真正的自己了。因为公司不要求有个性，所以对于公司要求的"人才"持有疑问的下属来说或许会感到被威胁，公司随时都可能把他们替换掉。

即使有人认为自己性格开朗，可能这种开朗也不是他本来的性格，只是他为了成为公司需要的人才，而扮演了一个性格开朗的自己而已。

不只是职场存在这种情况。不管是什么样的人际关系，都要求人们具有合作态度，善于社交，会和人打交道。但是，要想成为这样的人，个性就成了阻碍。因为不能只亲近一部分人，为了和所有人都搞好关系，就需要去迎合他们。

这样，人们在扮演着不像自己的性格时，就被强制着与社会建立联系。**虽然我们既没有必要去故意冲撞别人，也没有必要招人讨厌，但是难道我们要不惜活得不像自己，不惜扼杀自己的个性，也要做这份工作吗？**

谢谢你的认可，但你没资格评价我

迎合他人的期待活着的人，为了能得到他人的认可而依赖于他人，即使有自己想做的事情，也会因为希望得到别人的欢心而放弃。有的人一旦知道自己能被认可，就会积极行动起来，否则就什么都不想干。虽说这样的人为了得到认可就能积极行动，但是他们的行动未必是正确的，因为他们也无法靠自己做出判断。

很多人被别人说性格阴郁，也就认为自己是阴郁的。这就是接受了他人赋予的属性。我会对这样的人说："你说自己阴郁，但是你经常给我说一些并不阴郁的事情。"只要我问这些人："你似乎总是很在意别人会怎么看待你的言行，那么至少你不会故意去做伤害别人的事，对不对？"他们就会回答说："是的。"我之所以说不会故意伤害别人，是因为有的时候我们并没有伤害人的意识，却伤害到了他人。

接着，我就说："你一直坚持不去伤害他人，这不是'阴郁'，而是'善良'。"**就算你不能接受一个阴郁的自己，也可以**

去接受一个善良的自己。如果你是善良的，就能喜欢自己了。这就是说，**你要认识到自己是有价值的。**当你认识到自己是善良的，就会有勇气进入人际关系了。或者换一种说法，你之所以不想进入人际关系，是因为你害怕一旦与人产生联系就会发生伤害，才会接受别人赋予的"性格阴郁"这种属性。虽然你认识到自己是善良的，就能进入人际关系，但这只是改变了你对自己的看法，并不是最重要的。**重要的是，你能够认识到，不是所有人都心怀恶意。**

你通过赋予自己善良这一属性，就能够对自己持有不同的看法。在这以前只看到自己的短处或缺点的人，开始能够接受自己，也会变得有自信。

这并不是变成了不同的自己。但是，如果能够开始用不同的眼光看待自己，事实上也可以这么说。

毫无疑问，这也是一种属性赋予，是一种评价。评价不同于自己的价值和本质，但并不是说要提高或贬低自己的价值。因此，包括咨询师在内的任何人给你赋予了未曾想过的肯定性属性时，你都不可以不加批判地全面接受。

我们只能自己来接受自己的价值。不过，我还是希望大家能**拿出勇气来**，试着接受别人给出而自己从未想到过的，认为自己**是有价值的评价。**

越是依靠别人指路，越是走投无路

我们只要按照常识去生活，或许就不会有多少烦恼。**一旦对常识产生了怀疑，不再不加思考地顺应人生的发展，我们就会开始考虑自己要怎么度过这一生。**这时，我们马上就看不清今后的人生道路。

如果是社会上大多数人都选择的人生道路，我们大致上可以想象到会是怎样的。我想，走这样的人生道路应该不会遇上很大风险。之所以以前一直没想过由自己来做决定，是因为害怕看不到前面的人生道路，也不想冒风险。如果是自己来决定要走怎样的人生道路，那么无论发生什么样的情况，别人也不可能替自己活下去。因此，一旦自己做出了选择，无论今后发生什么事情，其责任都只能由自己来承担。

很多人害怕为自己的人生负责，而想选择与大多数人一样的人生道路。但是，我们必须知道，想走安全的人生道路，过和大家一样的生活，不仅活不出自己的人生，甚至原本以为是安全的人生道路也可能会走投无路。

比如，没能进入一直想要进的大学或公司，就好像突然没路可走了。就算是年轻人，也可能会突然生病倒下，很有可能看不到今后的人生了。**人生道路受阻时该如何是好？包括这个问题在内，你的人生必须由自己来承担责任。**

即使你能够度过一个安全的人生，也不一定就是幸福的人生。父母都不想让自己的子女过苦日子，但孩子如果听从父母的意见而不去过自己的人生，就会变成依赖他人而活着。所以，人之所以变得依赖，恐怕也不只是因为人生的选择。

没有道理说为了不让父母担心，就必须选择和大家一样的人生道路。我们并不是为了满足父母和其他人的期待而活着的。会对今后的人生感到不安的应该是我们自己，若说父母会感到不安，那就奇怪了。

我在读高中的时候想学哲学，老师知道了以后就敦促我改变主意。当时，我正在这位老师的课上听他讲解东西方的历史哲学思想。老师非常恳切地劝我说，学习哲学会给今后的生活带来很大的辛苦。后来我也当了老师。现在想来，如果有学生来找我商量说想专攻哲学，虽然我也不会举手表示支持，但当初那位老师的反对还是让我不知所措。因为我原以为那位老师比谁都理解哲学是门什么学问，应该会为我的决定感到高兴的。即使这样，我也没有放弃攻读哲学的志愿。老师知道我不会改变念头以后就跟我说,每周六放学后单独给我补习哲学。学习哲学必须用到的外语,我也是跟这位老师学的。

虽说听取他人的意见很有必要,但要是遭到别人反对就放弃,你就无法走出属于自己的人生道路了。

失败没那么可怕

　　就算走上自己的人生道路，也不一定就会一帆风顺。如果一个人不想被父母说教，不想失败，也不想受挫，就必须慎重对待自己人生中的选择。

　　失败让人害怕，很多人想的都是能不失败最好。我长期在大学等地方教课，知道很多学生都害怕出错。越是成绩优秀的学生，越是害怕出错。

　　也许有人认为，学习与人生是不同的。但是，在发生错误或遭遇失败的时候，无论是学习还是人生，大家的应对方式基本上都差不多。

　　我当然会在发现学生出错时指出他们的错误，但学生的反应也是因人而异的。前面说过，我是教授古希腊语的。在课上，初学者当然会出现错误，可是有的学生下一堂课就不来上了。想要不出错，最简单、最切实的办法就是不去上课，或者是不参加考试。不参加考试的人，就可以说"如果我参加了考试，肯定能拿高分"。**这样的做法其实是与其挑战难题失败，不如活在可能性里（但这也只是对过去的假设）**。本来，即使出错了，坚持学下去不久也能读懂古希腊语，但这些学生早早就选择了放弃，实在是很可惜。

学生害怕的不是对错误的评价，而是害怕别人对自己的看法，害怕自己受到差评。即使是工作中的差评，也不是对人格的评价。上课时，我的教学方法是，让学生把古希腊语翻译成日语，出错了就顺势讲解。但是有时候，有的学生不想回答问题。我就问一位学生知不知道自己为什么答不出来，学生说知道，他不想因为答错而被老师认为是差生。我就向他保证，就算答错了，我也不会觉得他能力差。到了下一堂课，这位同学就不再怕出错，勇于回答了，慢慢地，他的学习能力也增强了。

在学习时，如果你回答不出正确答案，只要努力学习争取下次能够正确回答就行。**人只要活着，就难免会受挫。即便受挫，也总能重新再来。人能从失败中学到很多东西。没有无法弥补的失败**。父母也不应该为了孩子不遭遇失败而让孩子选择安全的人生。

就算一事无成，人生也不会变得不幸

我们之所以会害怕选择与其他人不一样的人生，是因为总觉得有些事是必须完成的。但是人生究竟会如何发展，都要等亲自尝试之后才能知道。

遇到有人问路时，如果知道怎么走，我就可以尽可能详细地告诉他。但是如果有人问我到目的地需要多长时间，我不知道问路的人走路快慢，就没办法回答了。当然，就连我自己也是一样的，如果不亲自走一次就不知道要多久。也许别人走得很快，而自己却要多费一些时间，也可能出现相反的情况。另外，有时候我们也不知道怎么走，就无法给别人指路了。

有的人目标很明确，知道自己要走怎样的人生道路。但是，这个目标未必是自己选择的，而是不自觉地选择的。正如我们一直以来所看到的，自觉选择的人生道路可能与其他人的道路不一样，所以有人会感到担心。我们也看到，人生中当然会碰到不可预测的情况，所以未必就能如愿以偿。**无论怎样的人生道路都不**

是绝对"安全"的,而安全的人生也不一定就是幸福的。

还有一个问题是,有了明确的目标以后,通往目标的人生道路就成了准备阶段,因此是"暂时的"。**如果把当下的人生看作是暂时的,那么一生就很短了,也无法保证有朝一日能过上所谓的"真正"人生。**

不把想做的事情放在未来,我们是不是可以在"当下"寻找自己想做的事情呢?并不是为了什么,只是因为此刻有热衷的事情,并且为此可以不考虑以后,这就是你想做的事情。

或许有的人担心:如果只是去做想做的事情,自己会不会一事无成,会不会无法到达任何地方?其实,**一直坚持做自己想做的事情,回头再看的时候发现自己不知不觉已经走了很远,这样的生活方式不也很好吗?**如果我们光想着将来要做什么,也不一定能做成自己总想着要做的事。

而且,**哪怕一事无成,人生也不会变得不幸。**说"为了将来而牺牲了现在"的人生就有点言重了,只要不是"当下"明明有想做的事却不去做,而将精力花费在只为将来做准备上,你就不是一事无成。

工作上的一些事情也不是想做马上就能做的。需要努力学习和掌握必要的知识和技能,也要花费时间。我希望大家可以把这种学习和掌握的过程视作自己想做的事情。

如果你陷入了迷茫,不知何去何从,那就先迈开脚步,从自

己能做到的事情开始。如果做到一半，你的想法有变，马上折返就行。如果你做的事情是一心想做的，或许不会出现改弦易辙的情况，但有的时候也会突然想干点别的事情。就算你做的是想干的事情，有时候也会因为中途发生什么不测而无法完成。即便如此，**只要你认准一直以来是在坚持做想做的事情，以往花费的时间和精力也不算是白费。**

幸福不止一种模样

有位春天刚大学毕业的年轻人,就业于某家被视为一流的公司,但他都没等到过完五月的连休假就辞职了。虽然他的父母并没有反对,不过我想大部分父母都会反对吧,会说"好不容易进了一家那么好的公司,为什么要辞职"之类的,估计他们都不明白那家公司"好"在哪里,却觉得他辞职太可惜了。

我问这位年轻人为什么要匆匆辞职,他说因为被迫要上门推销,而且业绩不好。我想他的上司也没指望他能拿到合同。他在此前的人生中从未受过挫折,所以这份工作对他来说,好像是造成了很大的打击。

但是,他说:"这也不是什么大问题。之所以下决心辞职,还是因为公司的前辈和上司看上去一点也不幸福。"他还开玩笑说:"如果一直在这家公司干下去,等我四十岁时说不定就能买地建造自己的住房了，到那时候墓地也能一起建了。"他大概是觉得人生已经看到头了。他产生了疑问："就算工资再高，为工作鞠躬尽瘁究竟能算作幸福吗？"

我非常理解他的这种想法。因为人并不是为了工作而活着的。**工作是获得幸福的手段，怎能反过来为了工作去牺牲幸福本身呢？**

可能也有人会说，那也不需要马上辞职，忍耐也是必要的，等等。确实，重新找工作的风险很大。因此，我不会轻易地劝大家说，如果你觉得现在的工作不能满足自己的需求，那就可以换一个。但是，从事一份工作幸福不幸福很快就能判断出来。

关于幸福，三木清是这么说的："就纯粹的幸福而言，每个人都有属于自己的幸福。"(《人生论笔记》)

幸福的形式因人而异。照这么看，自己的人生就没有必要和别人一样，和别人比较也没有意义。我对这位年轻人说："因为人生是你的，所以希望你能活出自己的人生。"

如果选择与大多数人一样的生活方式，也就能大致想到将会度过怎样的人生。但是"属于每个人自己的"幸福人生，是看不到前面的道路的，也很难想象将会度过怎样的人生。

但是，因此就过上并非"属于自己"的人生也没有意义。假如你不喜欢自己的性格与外表，想变得像别人一样开朗、美丽而改变自己，就算你实际上做到了，那也已经不是你自己了。当你尝试着去过和许多人一样的人生，那就不是你的人生了。因此，**要想活出自己的人生，就不能害怕与众不同，要走只属于自己的人生道路。**

第八章

父母是一种身份，
不是一种特权

父母要学会摘下"爱"的面具

很多时候，亲子关系太过密切。哲学家森有正[1]在谈论关于对自己女儿的教育时，说："我必须注意，不能让女儿太爱我了。她必须找到自己走的道路。不能让我的想法都影响到她。"(《在巴比伦河畔》)

森有正说自己与女儿的纽带太牢固，他只做个"一直静静存在的父亲"就可以了，必须竭尽全力不去超越这一界限。

他说："我必须成为这样的人，即使面对死亡，也不希望女儿到我身边来。我必须成为这样的人，只要知道女儿在某个地方，就感到喜悦，感到慰藉了。"(《在巴比伦河畔》)

虽然森有正说"不能让女儿太爱我了"，但其实是在告诫自己不要太爱女儿。

这不是说父母不可以爱子女。但是，**如果爱过头了，亲子关**

---

[1] 森有正（1911—1976），毕业于东京大学文学部法文专业，日本哲学家、法国文学学者。主要著作有《笛卡儿的人物像》《在巴比伦河畔》《在城门口》《如何生活》等。

系就会太过牢固，子女和父母都不能离开彼此而自立了。

许多父母不满足于"一直静静存在"，在子女没有请他们帮忙时，对子女的事情指手画脚，横加干预，还坚定地认为这是为了孩子好。

孩子对父母的这种说法也没有任何的怀疑，只要听父母的，亲子关系看上去就很和睦。但是，这种状态不会永远持续下去。森有正说："成为女儿的好朋友？想想就毛骨悚然。"(《在巴比伦河畔》)

也许有这种想法的父母比较少见。另外，如三木清所说，孩子也会想，并没有人告诉自己任性不好。很多时候，孩子察觉到了父母隐藏在爱的名义下的控制，只有从中摆脱出来，亲子关系的相处方式才会发生变化。

怎么做才可能摆脱父母的控制呢？

首先，父母不要介入必须由孩子来承担责任的事情。在父母看来，知识和经验都不足的孩子看上去不可靠。这些孩子也确实会失败。但是，**如果父母没有在一旁默默守护孩子的勇气，孩子就不能对自己的人生负责了。**

孩子们知道，只要服从父母，失败时的责任就会转嫁到父母头上，因此他们即使是察觉到了父母的控制，也不愿意离开父母去自立。

其次，要摘下亲子的面具。"面具"在拉丁语中叫作

"persona",就是英语"person"(人)一词的语源。如果父母与子女都将"父母"和"子女"的面具摘下,作为个体的"人"来相处,那么父母就不会说"这都是为你着想"了,子女也不会认为父母是担心自己,把实际上的控制看作父母的爱。

父母要有放手的勇气

我高中时说想学习哲学，父亲知道后虽然反对，但没有直接要求我放弃，而是让母亲来反对我。母亲却劝说父亲不要反对。我明白父亲为什么反对，他是为我将来可能遇到经济上的困难而担心。

但是，想必母亲非常理解，即使我遇到经济上的困难也必须自己去解决。她劝父亲说："咱们孩子做的事情都是对的，所以我们就默默守护他吧。"当然，我所做的事情也不可能全都是对的，但是我也非常感谢母亲对我百分之百的信任。

这里希望大家留意的是母亲所说的"默默守护"一词。这意思是，她会一直关注我今后的人生道路怎么走。**我想，如果我陷于苦境，父母还是会向我伸出援手的。但是，他们没有干涉我的人生，而是默默地守护着。**

父母全然不知孩子在干什么，这也是有问题的。可能很多人觉得，对父母而言，知道了孩子在做什么，而不去干涉，是很难做到的事。如果孩子选择了父母可以理解的人生，父母就能够保持在一旁静观；但如果孩子想选择的人生道路让父母觉得无法预测到将来会如何，那么父母就会干涉了，因为他们害怕孩子这样走下去很可能会失败。

有人认为，在这种时候阻止孩子是为人父母的职责。毋庸置疑，如果父母能预测到这种失败是致命的，当然必须阻止孩子。但如果不是致命性失败，父母就不应该去阻止，因为很多事情只有从失败中才能学到。

要做到对孩子的人生课题不加干涉，父母必须有默默守护的勇气。这不仅限于亲子关系，对于所有的人际关系而言，为了保持相互之间应有的距离，都需要有这样的勇气。

对孩子的人生课题横加干涉确实是更简单的做法，但是，这样一来，孩子就永远不可能离开父母自立了。基本上来说，父母不能介入需要孩子解决的人生课题。相反，如果因为事情的结果只会影响到孩子，所以父母就可以什么都不做，这也是错误的。这么做就成了放任不管。该如何介入，我们在后面马上就谈。关于在什么时候应该介入，正如前文谈到的，就是在预测到这种失败是致命的时候，就必须介入；在孩子的所作所为会伤害到自己和别人，造成实质性麻烦的时候，也必须介入。所谓"造成实质性麻烦"，指的就是比如深更半夜开大音量听音乐之类的情况。

这件事很难，因为父母很难掌握子女在干什么。就算是一家人住在一起，父母可能也不知道孩子在自己房间里干什么，更别说不住在一起了。相互没有联系时，父母就完全不知道孩子的状况了。此外，已经长大成人的子女要是染上了毒品，或是犯下了什么罪行，父母究竟有没有责任呢？极端地来说，父母是无法去承担这些责任的。记者蜂拥到犯罪子女的父母家，通过门口的对讲机要求父母出来做回答，我觉得这很奇怪。不过，父母还是可以为孩子做一些事情的。

先学会分离，才懂得相处

在大多数的亲子关系中，孩子不可能什么事情都听从父母的。相反，我看到过很多这样的问题，当孩子不听从父母的时候，父母不知道该如何是好。所谓"不听从父母"，不一定是孩子采取了反抗的态度。比如，以前在学习方面一直都没有问题的孩子突然开始不学习了，或者是不去学校上课了，父母肯定会感到十分不安。这种时候，该怎么办才好呢？

首先，要听孩子是怎么说的。父母绝对不能打断孩子的讲话或者批评孩子，孩子只有确信父母会听自己讲完，才会尝试去与父母进行沟通。**也许父母不能接受孩子所讲的情况，但是首先必须努力去理解孩子所讲的内容。**

其次，必须弄清楚这是谁的课题。去不去学校是孩子的事，不去学校的结果只会影响到孩子，责任也只能由孩子来承担——没去听课，成绩就会下降，还会影响到毕业。即使这样，去不去学校也不是父母的课题。

大体上看，各种人际关系中产生的纠纷，都是因为随意介入了别人的课题，或者是自己的课题被别人介入。解决这种问题最简单的方法就是，父母对于该由孩子自己去解决的课题完全不加干涉。因为父母插手孩子的课题，就说明不相信孩子有能力自己解决问题。

不过，**分离课题并不是人际关系的最终目标，相互协作才是**。为此，必须先弄清这是属于谁的课题。这并不是说父母不可以帮助孩子，也不是说父母不可以对孩子的行为和生活方式发表意见。我们原本就可以将属于孩子的问题看作孩子与父母"共同的课题"。不过，要做到这一点，也必须遵循一定的"先后顺序"。

这就是说，从理论上讲，虽然父母可以把孩子的课题看作孩子与父母共同的课题，但**最好还是先等孩子提出希望一起解决问题的需求，再把它视作共同课题**。这是因为很多时候父母提出把一件事作为共同课题，就是想让孩子听自己的，也就是想控制孩子。如果孩子不学习，父母看到以后自然会感到不安，但是不能对孩子说"看到你不学习，我们感到非常焦急，非常担心，所以希望你好好学习"。即使是在碰到实质性麻烦的时候，如果不遵循认定共同课题的步骤，也会破坏相互之间的关系。

如果孩子不学习，父母说："最近好像没看到你在学习啊，我们想和你谈谈这个问题。"如果亲子关系不好，这个提议很可能就会被拒绝。

有些事情单靠自己是解决不了的。但是，必须自己去解决，而且自己能够解决的问题，就不应该寻求别人的帮助。如果从孩子小的时候开始，父母就对孩子的课题插手或干涉，那么孩子就会变得依赖，也许长大成人以后也还会继续依赖父母。

但从另一方面来说，**如果有必要帮孩子一把，但父母没有事先告诉孩子可以来求助的话，那么孩子也不会去求助。**父母可以事先跟孩子说："有什么需要帮忙的，告诉爸爸妈妈啊！"当然，不能因为孩子来求助了，就什么事情都承担下来。**作为父母，办不到的事情就只能回绝，但是要尽量去帮助孩子。**

父母对子女的人生绝不应该漠不关心。当子女知道父母对自己漠不关心，也许会感到绝望。比如子女患上了药物依赖，这虽然是子女的课题，但父母也不应该撒手不管。药物依赖的孩子知道依赖药物不是好事。我不认为父母对成年的子女的所作所为都负有责任，但我仍然希望能将类似的情况作为亲子的共同课题。**这与其说是希望父母以父母的身份去帮助孩子，不如说是希望大家摘下亲子关系的面具，作为平等的人去伸出援手。**

"叛逆期"是父母的谎言

我期望父母们知道，孩子不听自己的话，就是证明孩子自立了。

我经常碰到有父母前来咨询，说青春期的孩子很叛逆。我们在前面就讲过了，并不存在"叛逆期"这种情况，只存在引起孩子反抗的父母。基本上都是父母想随意介入属于孩子的课题，引起了孩子的抗拒和反对。孩子说了不想去上学，父母就说不去不行，于是孩子就很抗拒，所以说不要干涉孩子的课题为好。父母想把一个问题作为亲子共同课题的时候，就要遵循相应的步骤。如果父母能像这样应对，那么孩子就没有必要反抗了。**抚养、教育孩子的目标就是让孩子自立。孩子反抗父母、离开父母而去，也是一种自立。有可能的话，我希望父母能协助孩子和平地自立。**

有的时候，父母想帮助孩子也帮不上忙。如果子女觉得亲子关系不是很亲近，就不会跟父母说自己遇到的事情。**为了拉近亲**

子关系，父母必须让孩子感到自己是被平等相待的。

作家迈克尔·克莱顿[1]在九岁时就迈出了成为作家的第一步，后来他在大学医学部学习的时候，父亲没有给他支付学费，他就决心赚稿费来供自己上大学。这就是迈克尔·克莱顿成为作家的决定性事件。但是在这之前，作为记者和编辑的父亲在各方面都给了他很大的影响。

迈克尔·克莱顿十三岁的时候，与父母一起去亚利桑那州的日落火山口国家纪念公园玩。当时的克莱顿觉得，很多观光者或许都不了解这里的魅力所在。他对母亲讲了这件事情，母亲对他说："不如你把它写成报道，给《纽约时报》投稿吧。"

"你说《纽约时报》？可我还是个孩子呀。"

"没有必要对人说你是孩子啊。"

克莱顿看了一眼父亲。

父亲说："去向国家公园管理办公室索要所有的资料，然后采访那里的职员就行。"

于是，克莱顿一边思考着该提什么问题，一边向职员们进行采访，他的家人们就在炎热的太阳下等他。

1　迈克尔·克莱顿（Michael Crichton，1942—2008），美国畅销书作家和影视导演、制片人。毕业于哈佛大学，1969年获得哈佛大学医学博士学位。同年，迈克尔·克莱顿凭借《死亡手术室》获得埃德加最佳小说奖。1980年，由其导演、编剧的电影《火车大劫案》获得埃德加最佳电影剧本奖。1993年开始参与《侏罗纪公园》的制作。2006年，凭借《恐惧状态》获得美国石油地质学家协会新闻奖。

克莱顿说："似乎父母认为才十三岁的儿子也能做到这种事，这给了我很大的勇气。"(《旅行笔记》) 克莱顿把写好的游记投给了《纽约时报》，得到了第一笔稿费。

在日常的亲子关系中，孩子说了自己想做什么却被父母制止的情况比较多。其实应该反过来。**就算一次挑战不成功，只要再次挑战就行。**也许孩子在挑战失败的时候，做不到心平气和，但是如果他没去挑战，之后回想起来一定会后悔，觉得当时要是尝试一下就好了。这反而更是一个问题。

有时候，孩子有自己想做的事情却被大人阻止了。有的时候则相反，孩子因为胆小，就想逃避本来应该能够做到的事情。要不要开始解决这种问题，也是属于孩子的课题。因此，大人确实没有必要插手干涉，但也不是什么都不做。当克莱顿听到父母对他说可以写篇报道的时候，他可能就明白了父母并没有把他看作孩子，而是当作平等的个体。

当双方感到彼此是平等的，关系也就更加亲近了。如果孩子感到和父母关系很亲近，无论父母说了什么话，都会想要听一听。克莱顿说"可我还是个孩子呀"，可见他对自己的能力并没有信心，**但在得到了父母恰当的支持以后，他便有了自己去应对课题的勇气。**

第九章

我们有权不理解

没有良师，只有益友

前文讲述了如何才能不受他人控制，不依赖他人而生存，以及能否帮助人们去那样生存。我们还进一步讨论了自立的关系是怎样的。谈到自立的人与人之间究竟是怎样一种关系的时候，讲到所谓理解他人究竟是怎么回事的时候，我们可以参考处于控制和依赖关系的医生与患者之间的关系，以及把咨询师与来访者之间的关系作为线索，进行探讨。

与心理咨询业务有关的人，即使不是专家，只要接受了某人前来咨询，那就必须注意，不能让彼此之间形成一种依赖关系。

前文也谈到过，阿德勒说："不要置患者于依赖和不负责任的处境。"(《自卑与超越》)

普通人如果不去咨询专家的意见，就不知道自己的身体和内心将会发生什么。就算想凭借自身的力量去忍受疼痛与不安，最终做不到，也还是需要去找医生和心理咨询师。这种时候，咨询师与来访者之间一定不能变成依赖的关系。

咨询师可以协助来访者去解决问题，但不代表是咨询师解决了来访者的问题。虽然我认为，心理咨询工作必须做到让来访者哪怕只通过一次心理咨询也能改变生活方式，但是，如果来访者认为是多亏了咨询师问题才得到解决，烦恼才得以消失，比如他们会说"多亏了老师您，我好啦""多亏有您帮助"，等等，那就会成为一种依赖关系。

为了不使双方形成依赖关系，咨询师该怎么做才好呢？以阿德勒心理学的心理咨询方式为例，咨询师一定不能单方面地去做咨询。

帮助他人，不是为了满足自恋

在心理咨询过程中，我们需要搞清楚来访者的行为或症状的目的。但是很多时候，来访者并没有意识到这背后会有目的，而是咨询师给他指出后，他才想到的。

阿德勒使用了"给予解释"一词。比如说，"你不去学校，是不是想让父母担心，希望他们关注自己啊？"当咨询师这样询问的时候，如果来访者的回答是否定的，我们千万不可以说："那只是你自己不知道而已。"也就是说，咨询师千万不能把"不去学校的目的是要引起父母关注"这种解释强加给来访者。如果来访者对咨询师提出的解释有所抗拒，咨询师就要撤回解释。

无论是什么问题，咨询师都不可能代替来访者去解决。搞清楚来访者的目的以后，我们就能够考虑采取哪种手段更有效了。

以前面提到的大学生为例，她本来是不用患上贪食症给自己的身体造成痛苦的，只要把自己想做的事情对父母讲清楚就行。可能的话，我们希望她能靠自己意识到这一点。当来访者想不起行为或症状的目的时，我们一方面要注意千万不能把自己的解释强加于对方，另一方面要给对方指明解决问题的方法。

而站在来访者的角度看，如果来访者觉得无法接受咨询师讲的话时，就不能表示同意。有什么不明白的、不能接受的，必须彻底地向咨询师质询。

我想，大家通过以上说明，基本上可以想象出平等关系是怎样一种情况了。亲子之间也能建立起这样的关系。总之，就算是父母，也不能去介入需要孩子自己解决的课题。但是，如前所述，即便是属于孩子的课题，父母也是可以把它变为共同课题来一起解决的。实际上，有很多事情是必须由父母教给孩子的。

在心理咨询中，来访者是为了解决自己的问题而来的，因此不会不听从咨询师的意见。但在亲子关系中，父母一看到孩子有烦恼就想去帮忙，而孩子并没有要求帮助，这时即使父母给他意见也很可能会被拒绝。

师生关系也一样。老师们看到学生穿了违反校规的服装来上学，就会想学生是不是有什么烦恼，就想去帮忙，于是对学生进行辅导，这时也肯定会遭到学生的抗拒。

孩子有时会去寻求父母的帮助。在这种情况下，做父母的说话时也要慎重。单方面地说教就会引起孩子的抗拒，因为孩子并不是想被说教才向父母求助的。

接受他人的不完美

　　不要将他人理想化，这很关键。如果不去看具体的人，而是用一种观念、理想去审视他，就看不到对方原本的模样。以理想为标尺的话，再看现实中的人就会陷入一连串失望。

　　父母希望孩子听话，希望孩子能学习，希望孩子成绩好。但是，眼前的孩子动不动就顶撞父母，不好好学习。这种时候，父母就没有看到现实中的孩子，而是将孩子属性化、理想化，这对于不会反抗的孩子来说就成了一种命令。

　　前面我们阐述了孩子和下属必须从属性化中摆脱出来获得自由，那么接下来，我们来看一下赋予属性的人能够为建立真正的人际关系做些什么。

　　"理解"的法语是"comprendre"，有"包含""包容"的意思。不过，就算你想包容他人，也不一定能包容他人的一切。属性化是单方面的，包容的方式也是因人而异的。我想，如果是与自己相似的人，也许就比较容易包容；但如果是与自己完全不同的人，要想包容就很困难了吧。当然，谁也不可能因为与自己很相似，就全部理解、全部包容一个人。对于自己不太熟悉的人，感到不能理解是理所当然的。但如果是关系比较亲近的人，当你觉得看不懂对方的时候，就会感到吃惊和困惑。其实，**他人一定会超出我们对他们的"理解"，有无法被包容的部分。**

遇到这种情况，人们就会"切除"不理解的部分。希腊传说中，有个强盗名叫普洛克路斯忒斯，据说他会抓住路人并强迫他们睡在一张特别的床上，如果路人的身体比床短，他便硬将路人的身体拉成与床一样长；如果路人身体比床长，他就把露出床外的脚砍掉，最后把这些路人都杀掉（阿德勒《儿童教育心理学》）。如果有人认为自己可以包容别人的一切，那他做的实际上就像普洛克路斯忒斯切掉路人露出床边的脚，只是将自己不能理解的部分切除了，而且自己还没有意识到。

我们只是形成了有关对方的"观念"，将包容不了的部分切除，按照自己的观念来解释，就以为是理解对方了。

当我们面对想去理解的对象时，就算对方身上存在包容不了的部分，我们也不能有意识地把它切除。而被理解的对象一定要知道，自己身上那些别人包容不了的部分，就是自己的个性。

以亲子关系为例，**父母不要按照自己的尺度去理解孩子，不要把自己的理想强加给孩子，要接受孩子的本来面貌。**站在孩子的角度来看，当感到自己的本来面貌得到了认可，就会觉得自己被理解了。不过，也会有得不到理解的情况。

要做好一生不被父母理解的准备

孩子要做好自己不能被父母理解的思想准备，没有必要因为得不到父母的理解就感到沮丧，也没有必要为了得到父母的认可而去迎合。

有人对父母说了自己今后准备怎么生活，没有想过能够得到父母的理解。父母听了孩子的话，感到很吃惊，愣了半晌之后说："我不能理解你所说的。不过，我只知道你现在的所作所为是错的。"

不能说父母不理解，孩子的行为就是错的。父母不能够理解孩子的时候，说明孩子已经不是父母想象中的那样了，孩子已经成了"他者"。

我不确定在这之后父母是否就能理解孩子，但是如果他们没有经历过一些事情让自己明白孩子是他者的话，或许就不会发现自己一直以来只是把孩子理想化了。

当父母知道孩子已经超出了他们的理解，那么父母就能够离开孩子自立了。自立的父母就不会说什么自己比谁都懂自己的孩子。相反，可以说，**当父母明白自己无法完全理解孩子时，才是真正理解了亲子关系。孩子不是父母的所有物，无论他们与父母所期望的有什么不同，或是行为有什么偏失，一切都要从接受孩子的本来面貌开始。**

以上所述，同样适用于成人之间的关系。森有正在书中写下了他第一次对女性怀有乡愁似的仰慕和朦胧欲望的情形（《在巴比伦河畔》）。实际上，森有正与他仰慕的女士没有说过一句话，没有任何语言上的交流，夏季就结束了，这位女士也离去了。

对于这位女士，森有正"完全是主观的，没有与对象直接接触，就塑造出了一个理想的形象"。这种理想形象并不是实际的她，只是森有正想象中的一个"原型"。

就这样，她可以作为原型永远活在森有正的心中。与森有正一样，我们有时只是把实际在眼前的人看作一种想象。可以说，所谓仰慕的人就是想象的产物。为什么可以喜欢上没有任何语言交流的人呢？

父母也会年复一年地老去，曾经能做的事情做不了了，做孩子的要接受这个事实也很不容易。但是，在这种时候，一切也只有从接受父母真实的样子开始。

父母寄托在孩子身上的理想，虽是世间千千万万的父母共有的愿望，现实中的孩子们却从未实现。但是，当父母老去，很多事情都不能做了的时候,孩子对父母却也抱着理想,觉得这些事情虽然父母如今做不到了,但是他们曾经确实是能够做到的。做子女的也会因此感到和现实之间有很大的背离。

就算父母年纪大了,刚做过的事就忘掉了,孩子们也不要光数着父母已经干不了的事,用减法去看待他们,而要接受父母真实的样子,在此基础上做加法。

舒适的关系，就是彼此"一知半解"

人与人是否真能相互理解呢？认为人之间绝对无法相互理解，或者认为绝对可以相互理解，都是不对的。一想到能够理解对方，你可能就会觉得和他关系很近，但是这种接近的感觉或许也只是你的一厢情愿。

当你觉得理解了某人时，反而会无法理解对方。因为不管彼此的关系有多亲近，人们的所思所感也不会完全一样。能否认识到这一点会带来很大的不同。

金衍洙[1]说："我对于人是否可能理解他人，抱持着怀疑的态度。"（《世界的尽头，我的女友》）当他被问到什么是"谦和的文章"时，他回答说："认为无法去描写他人，觉得理解他人是不

---

[1] 金衍洙（1970— ），出生于韩国庆尚北道，毕业于成均馆大学英文系。1994年凭借长篇小说《戴着假面行走》获得韩国作家世界新人奖。主要作品有长篇小说《七号国道》《夜晚在歌唱》，小说集《我是幽灵作家》，散文集《青春的句子》等。短篇小说集《世界的尽头，我的女友》中文版于2013年由吉林出版集团有限责任公司出版，译者是李娟。

可能的，带着这样的认识写出来的文章就是谦和的文章。"(《青春的句子》)

金衍洙虽然说了"无法描写他人"，但他的意思是说，如果有了无法描写他人、无法理解他人的意识，就能够写出谦和的文章。

或许他人就是不可理解的，但如果止步于此，就没有办法和他人共同生活了。不是说因为他人不可理解，就不去和人建立关系了，而是说，**如果我们是以"不可理解"为前提建立关系，比"自认为理解对方"，更能接近真正的理解。**用金衍洙的话来讲就是变得谦和。

很多父母认为自己比任何人都理解自己的孩子。但不能说因为是自己的孩子所以就能理解。相反，正因为父母自认为最理解孩子，并带着这种想法与孩子接触，反而更不能理解孩子了。

想必做父母的都有这样的经验：孩子在婴儿时期还不会说话，突然就哭了起来，家长不知道婴儿究竟有什么诉求，也安抚不住，束手无策。当孩子会说话了，是不是就能理解孩子了呢？未必。**因为父母们坚信自己是了解孩子的，这种一厢情愿的想法反而成了理解孩子的阻碍。**

努力理解彼此，就是一种爱

或许我们本就无法理解别人的事，但也不必就此认为人不可能相互理解而陷入绝望。

金衍洙说："当发现人类存在这种极限的时候，我却看到了希望。"（《世界的尽头，我的女友》）

即使存在极限，也依旧有希望。如果你都没有意识到这种极限，也就不会为深刻了解对方而付出努力了。当你知道自己无法理解对方，至少是知道了不可能理解对方的全部时，不就会更想去了解对方了吗？

"我们如果不做努力，就不能够相互理解。所谓爱就存在于这样的世界里。"（《世界的尽头，我的女友》）

想要理解对方，而且努力去理解对方，这就是爱。仅仅待在一起是建立不了良好关系的，必须付出努力去相互理解。虽然这样做并不容易，但为了更多地了解对方而付出的努力，是让人愉悦的。

"于是，为了他人而付出努力，这种行为本身使我们走过的人生变得有价值了。"(《世界的尽头，我的女友》)

这里所说的"努力"，不是为他人做什么事情的努力，而是想去理解他人的努力。**我们不只是自己一个人活着。努力去理解与自己共同生活的人们，这样的行为使得我们走过的人生道路变得有价值了。**

强行"理解",是控制欲在作祟

有的人是为了控制别人才想了解对方。**想施行控制的人,并不是真的想去理解对方,而是以为自己已经理解对方了。**

父母说"我是做家长的,所以最懂孩子"的时候,就具有一种已经理解孩子所有一切的优越感。这也是一种掌握了孩子的一切,能够控制孩子的优越感。但是,当这样的家长经历了不能理解孩子情况的事情以后,这种优越感就变成了自卑感。

如果父母们明白"就算是父母也用不着了解孩子的一切",那么就可以接受无法理解孩子的自己,就可以觉得理解不了的地方也不必理解,就这样接受孩子。但是,如果父母们认为自己应该是理解孩子的,就做不到原样接受孩子,而是选择不去面对那些自己不理解的部分,由此陷入一种误区,以为自己了解孩子的任何事情,能够控制孩子。

如果父母们看不到孩子身上有自己不理解的部分,或者只看到能理解的部分就认为自己已经理解孩子了,实际上是还没有做

到理解孩子。还没能理解就认为自己已经都理解了，或许这样会让家长觉得和孩子的关系很亲近了，其实不然。用前文一直用到的表达来说，这就是虚假的关系。

这里有一个母亲的案例。女儿希望母亲来帮忙打扫房间，母亲本可以拒绝，说："你的房间自己打扫。"但因为是孩子的请求，就应下了。她进了孩子的房间，发现了放在桌子上的日记本，还看到日记本是打开的，结果就看了起来。"结果"这个表述并不确切，或许这位母亲也多少犹豫过，觉得看一下应该没事。

这位母亲可能也觉得自己不该看孩子的日记。但是，到了第二天，她又走进了孩子的房间，与昨天一样，还是看了女儿放在桌上打开着的日记本。这件事持续了一个星期以上。有一天，母亲在看日记的时候，发现上面这样写着："妈妈，这种事你究竟想继续到什么时候？"

这位母亲看女儿的日记，或许不只是出于好奇心，而是不知道没有和自己直接交流的女儿在想什么，在自己不知道的地方干了什么，对此感到不安。所以，她才想通过日记了解女儿。

如果日记里写了超出父母理解范围的内容，父母要么就当作没看到，要么就会想办法让孩子符合自己的理解，甚至即使会被孩子责怪偷看日记，也要逼问孩子。不过，父母肯定不是为了理解孩子才看日记的。

做父母的，在孩子什么也不愿对自己说时，也许会感到悲伤或生气，但就算认为必须完全掌握孩子在想什么，实际上也是做不到的。父母是控制不了孩子的。尽管如此，父母还是想为了控制和管理孩子而去理解孩子。但是，这里所说的理解，与面对自己心怀好感的人时的理解是不同的。

不要干涉孩子的决定

孩子超出父母理解范围的行为，并不是有问题的行为。比如，孩子说自己想初中毕业后马上去工作，他为什么会做出这样的决定，这超出了父母的理解范围。如果父母的学历都比较高，估计就更难以想象了。

在以前，孩子这么说完，父母就可能被触怒而把孩子赶出家门。现在说不定也有这样的父母。不过，我并非想为了孩子去敦促他们回心转意。

当孩子的行为超出父母理解的时候，父母能够做的只有两件事。

第一件事就是前面说过的，要弄清楚现在发生的事情是谁的课题。如果孩子说想初中毕业就马上去工作，那么毕业后的前途就是属于孩子的"课题"。

孩子做决定的后果只会落到孩子的身上，做决定的责任也只能由孩子来承担。哪怕是做父母的，也不能够随意介入属于孩子的课题。

父母因为对孩子只有初中学历感到不安,所以希望他去上高中,这是属于父母的课题,**不能让孩子来解决父母的课题。**多数父母会对孩子说:"我们这么做都是为你着想。"虽说是为了孩子,但谁也不知道让孩子走父母所希望的人生道路,究竟能不能对孩子好。如果父母是顾虑别人的眼光而要求孩子上高中,就应该说实话,不要说"为你着想",而是说"为了我们"希望孩子去上高中。当然,孩子没有必要为了父母活着,所以大概会拒绝这种要求。

另一方面,虽然说孩子的前途是属于孩子的课题,但也可以成为父母与孩子共同的课题。为此,就需要按照前文所说的,遵循一定的步骤。父母必须主动征求孩子的意见,问孩子能否谈一谈有关他前途的问题。如果孩子拒绝谈,那就到此为止。当然,也可以寻找机会再谈,但不要逼迫孩子,而是告诉他以后什么时候想谈都行。

第二件事是,不逼迫孩子。这一点很重要。但是必须事先提醒孩子,如果之后觉得自己做出的选择有问题了,也可以再做修正。

父母有时还会反对孩子的婚姻。可是,如果孩子遭到了父母的反对,放弃与自己喜欢的人结婚,日后说出"就是因为听了父母的话才有了现在的不幸",这种情况下,我不认为父母能够为孩子的人生承担责任。

很多人认为，一旦做出了决定，就必须努力坚持到最后，把事情彻底做完。但是，**谁也无法预测今后会发生什么事情，所以当遇到干扰和障碍时，必须有勇气重新做出决定。**有的人违抗父母与自己喜欢的人结了婚，但是日子过得不顺利，却因为不想被父母说"当初就说了不让你们在一起"，就继续过着不幸福的婚姻生活，或者是离婚了也不回到父母身边，这种情况是应该避免的。

站在孩子的角度看，孩子是要为自己服从了父母而负责任的，所以不能光说是父母的不好，但是父母也不应该去逼迫孩子。

哲学始于惊讶，恋爱也是

认为可以理解他者，进而想通过理解来控制他者，这就有问题了。**没有必要老想着非理解对方不可。这种想法有时也会成为一种强迫性观念。**

希望理解对方，没有问题。朋友也好，恋人也罢，只要和他人关系变得亲密，自然就想知道对方的情况。但是，当父母认为自己必须绝对了解孩子时，这种想法就近乎成为一种强迫性观念。

人不一定非得理解别人。如果是和自己无关的人，想必是不会特别在意的。一旦涉及的人正是自己的孩子时，父母就会希望自己是关心孩子、理解孩子的。然而，即便是自己的孩子，本质上也是他者，所以不可能做到完全理解。至少，在与孩子交流时，父母必须知道理解孩子并不容易。如果以为想理解就能理解，就大错特错了。关于这个问题，我们在前文已经讨论过很多了。

同样，这种情况在成人之间、伙伴之间也会发生。我曾经得知有人会等到完全了解对方后再开始和对方交往，这让我非常吃惊。有的人就算是对某人心有好感，如果不能确定对方也喜欢自己，就会犹豫是否要向对方告白。还有人犹豫要不要告白的原因是，如果被对方回复说"从来都没把你当作异性看待过"，就会很受打击而难以振作。

有的人很想知道对方是怎么看自己的，进而甚至想要理解对方的感觉和想法。这样的人和别人交往或共度人生时，到底想要追求什么样的意义，是我想不明白的。当父母对孩子说"我们做父母的最了解你"时，会有人觉得父母确实是比谁都了解自己而高兴吗？在交往的时候，会有人听对方说"你的一切我都能理解"而觉得高兴吗？

从交往到结婚，并不是两个人关系的目的地，而只是起点，是出发点。在相互交往，一起生活的过程中，你和对方都在发生变化，两个人的关系也随之变化。就算你觉得自己已经完全理解了对方才开始交往的，对方也会发生变化，自己也同样不会一成不变。

想要永远地爱和被爱，这对于情侣来说是理所当然的。不过，这是以两个人会发生变化为前提的。当关系中的一方发生了意想不到的变化时——这可能是很快就会发生的，也可能是经过了很长时间才会发生的——另一方可能就会觉得本以为自己是理解对方、喜欢对方的,可为什么会喜欢上这样的人呢?

发生这样的情况也是有原因的。你在交往前可能觉得刚认识不熟也正常,或者是不认为非得提前了解对方的方方面面,但在长期相处之中,你也可能逐渐以为自己能完全理解对方了。可是,**懂得一个人,与相处时长无关。**

亚里士多德说:"哲学始于惊讶。"其实恋爱也是始于惊讶。如果是和跟自己思考感受相近的人交往,即使碰到了什么问题,彼此接受问题和解决问题的方法也是比较相似的。但如果你是和感受及思考方式不一样的人交往,看到对方的接受和处理方法出乎自己的意料时,就会感到很惊讶了。

不过,**知道这世上还有人有不同的思想感受,是可以丰富人生的。**当你了解到别人会这么想,即使在理解上会遇到困难,也能丰富自己的人生。

就算是长期交往的伴侣,也未必能完全理解彼此。一方不能理解对方的时候,就会想要去了解。若是认为对方的一切自己都知道了,就不会想要进一步认识对方了。**不理解对方的时候会付出努力去理解,这样就会增进两个人的关系。**

理解不等于我赞同你，或反对你

正如我们前面所讲的，理解别人并不容易，但是保持希望理解对方的想法很重要。我们以亲子关系为例进行了探讨，父母想理解孩子，孩子也不是坚决不想被父母理解，而是应该说，孩子希望父母能尽量正确地理解他们。

如何才能更接近理解对方呢？努力去理解了，但不知道这种理解是否正确，就只能直接去问对方了。如果自认为了解对方而不做询问，那么自以为是的理解将会导致双方关系恶化。

如果询问以后，得到的是意想不到的回答，也只能接受。即使父母认为孩子肯定喜欢自己，如果孩子说了不喜欢，那也只有接受。这对父母来说很不容易，但重要的是孩子能够自立，父母都盼着孩子能不靠家长独自生活。即使孩子说不喜欢父母，父母也不能说"其实你应该是喜欢我们的"。**做父母的只能在理解了孩子的想法以后，再来考虑今后该怎么和孩子相处。**

还有一点要提前说明：**理解不意味着赞成或反对。**有些事情即使能够理解，也不能赞成，不能接受。而父母即使不能理解孩子的生活方式，也不能说孩子就是错的，可以表示不赞成，然后说明理由。如果父母因为不赞成而感到生气或伤心，那也只能靠自己来解决了。

站在孩子的立场上看，也许他们并没有期待父母能理解自己。但是，孩子也不会从一开始就觉得父母不能理解自己。如果孩子在向父母解释之后还是得不到理解，也只能接受现实。

更进一步讲，并不是说为了得到对方的理解，就不可以表达自己的想法。如果在说话时强调这只是个人的想法和意见，应该也不会出现别人不听你说话的情况。但是，**为了能够相互理解而表达自己的想法，追根究底是为了帮助对方，而不是为了把自己的想法强加给对方。**

如果能像这样努力达成相互理解，就算对方不像你想的那样生活，至少也能防止关系恶化吧。

人是最大的变量

并不是说付出了努力就能理解对方了。可能某一个瞬间，我们确实会觉得懂了某个人。但是，人都在不断地变化，双方不会一直都和刚认识时一样。就算你认为曾经了解某个人的情况，这个人也不会一成不变。**之所以说很难理解他人，就是因为人总是在不断地改变。**

希腊哲学家赫拉克利特说："人不能两次踏入同一条河流。"今天的河流与昨日不同。昨天蹚过这条河流的自己，也不同于今天的自己了。赫拉克利特还说，"万物流转"。

人也像河流一样不断变化。这不是说，一个人某一天突然彻底变了样子，而是不会依然如故。如果我们不带着这种思维与人接触，就发现不了对方的变化。**在人际关系中，自己和对方都在变化。这种变化未必是坏事。**有时反倒是因为有了变化，两个人的关系才加深的。

因为关系中的双方各自会产生变化，连带着关系也发生变化，所以，所谓永远的爱是不存在的。这不是说对方的心会离自己而去，而是就算今天关系很好，也不知道明天会发生什么，这就是实际情况。正因如此，**如果每天都像第一次见面一样相处，那么总有一天回过头来，就会发现已经相伴彼此走了很长一段路了。**

既然说到这里，那为什么很多人在相处中会失去初见时的喜悦与惊讶呢？因为两个人都觉得在一起是理所当然的，本质上是把对方视作"物品"归自己所有了。如果是这样看待对方，那么在刚交往时那种只要在一起就很开心的感觉就会逐渐消失。

很多人觉得，在关系之中双方不再相敬如宾是好事。因为当我们觉得在喜欢的人面前没有必要顾虑对方的言行，没有必要注意自己该怎么表达、该怎么接受，不用担心会让对方生气或受伤时，就会变得不拘小节，亲密度也会随之增加。

但是，若是彼此之间用不着客气，不再花工夫去谨慎地选择用词，就可能会发生争吵。为了不发生这种情况，就必须留心不伤害对方。假如父母对孩子恶言恶语，因为孩子也无法选择自己的父母，这时即使受到了伤害，也只能去原谅。

在亲子关系中，只要不是发生太过分的事，父母和孩子是不会断绝关系的。但如果是在交往、同居或结婚的人之间就不一样了，**谁都不能一味享受对方的温柔。**

虽然在相处中不必如履薄冰，但也要注意不要在不知不觉中伤害他人，这很重要。如果还是伤害到了对方，就只能向对方道歉。

即便无法理解彼此，我们仍可以相互共情

有些父母认为自己既然是父母，就应该最懂孩子的情况，但他们可能比其他人都不理解孩子。有些父母觉得自己似乎并不了解孩子的情况，这样的父母反而更能理解孩子。

做父母的不一定就能理解孩子，但不能因为无论付出多少努力都无法理解对方而放弃。要是这样，人就无法共同生存了。正因如此，我们才需要"共情"的能力。

阿德勒称之为"把自己视同他人的能力"。他说，之所以能够事先为恋爱和结婚做好准备的人很少，"是因为还没有学会以他人的眼睛去看，以他人的耳朵去听，以他人的心去感受"(《个体心理学讲座》)。

阿德勒认为，"以他人的眼睛去看，以他人的耳朵去听，以他人的心去感受"是可以包含在共同体感觉概念中的定义。这个定义理解起来比较困难，因为我们只有用自己的眼睛才能够看见，用自己的耳朵才可以听到，用自己的心才感受得到。

有关"把自己视同他人"的说法也是，因为他人的看法与我们的完全不同，我们就会想"如果是我"会怎么看，会怎么做。但是，只要还没有从这样的思维中摆脱出来，就不可能理解其他人。

有的人认为自己的感受和思考方式是唯一的、绝对的，没想过除此之外还有别的感受和思考方式。**我们必须知道，别人的思想感受是和我们不同的。**

因此，**必须抛弃"如果是我"这种以自我为中心的视角，要把自己放在对方的立场上，把自己视同他人。**

虽然很多人说要做到与人共情很难，但实际上也没有那么困难。人是能与他人共情的。本书开头讲到了士兵在战场上的经历，这说明人甚至可以与自己要杀的对象共情。正如前面论述过的，如果士兵没有经过训练，就做不到对敌人近距离扣动扳机，也做不到从飞机上投掷炸弹或发射导弹。做到共情确实不容易，但如果分析一下这些事例，就能明白把自己放在他人的立场上是可能的。

就算不用战场上的事例，只要分析一下阿德勒所举的其他例子，也就不难说明共情和视同他人了。当我们看到杂技演员走钢丝却如履平地时，自己也感到非常紧张，这只能解释为好像觉得是自己站在了钢丝上。当杂技演员在钢丝上打个趔趄，观众们就感到好像是自己脚下一滑要跌下来了。

阿德勒还举了演讲的例子，演讲者面对许多听众，说到一半突然卡住了，这时，听众会感觉好像是自己也出丑了一样。

不过，我不会有那样的感觉，因为突然卡住了并不是什么丢人的事。有的人害怕被嘲笑就不想在众人面前讲话了，但是大多数人都会等待接下来的演讲内容，并不会嘲笑演讲者。不论如何，因为能设身处地站在对方的立场上，所以才会感同身受。

在当下，无论世界上发生什么事情，有的人都觉得事不关己，只会隔岸观火。这样的人或许从没想过，如果发生战争，自己也可能丧命。**或许有人会说，如果是发生在自己眼前的事情就能引起共情，如果是在遥远的地方发生的事情就不能引起共情了。然而，正是说这种话的人，才更需要有共情的能力。**

前面谈到，主张没有经济效益的老人应该自杀的人，就从来没有想到过自己不久也将老去。他们应该不会去劝说自己的父母自杀，却会对不在眼前的、素未谋面的人说这种话，显然是缺乏共情的能力。

第十章

先谈"我",
再谈"我们"

为了理解，我们要先成为"陌生人"

弗洛姆认为，每个人虽然各有不同，但是每个人归根结底都是有"人性"（humanity）的。我们也可以使用"普遍性的人"一词。**普遍性的人共同享有人性，不仅属于特定的共同体，而且还属于整个"人类"。**弗洛姆也是从"人类"（mankind）的意义上使用意为人性的 humanity 一词的。

人归属于多个共同体。比如有工作的人属于公司这样的组织，同时也属于家庭这个共同体。学生也一样，既属于学校这一组织，也属于家庭这个共同体。

弗洛姆认为，任何人都属于人类。传说有这样一个故事，当苏格拉底被问到"你属于哪个国家"时，他回答说自己属于"世界市民"（西塞罗《图斯库路姆论辩集》）。苏格拉底是雅典城邦（城市国家）的居民，所以提问的人很难想象他会做出这种回答。不过，如果真的发生过这样的对话，那么也许提问的人也不能马上理解苏格拉底是什么意思。苏格拉底是以超越国家的普遍的正义为视角,所以并不只是把自己看作城邦这狭小共同体的一员吧。

20世纪30年代末到40年代中,日本流行过这样一句骂人的话:"你这样做还算是日本人吗?"这是一个反问,意思是说"你这样做就不是日本人了"。"这样做"是指对方的言行,骂的人认为"这样"不符合日本人的标准。

1945年3月31日的深夜,有人对白井健三郎(法国文学学者,当时在海军司令部工作)说:"小子,你这样做还算是日本人吗?"

白井非常从容地回答说:"哎哟,我首先是人啊。"

"首先是人是什么意思?我们不应该首先是日本人吗?"

"那可不一样啊。无论哪个国家的国民,都首先得是个人啊!"

讲述这个故事的加藤周一[1]还说:"人权是为'首先是人'的人准备的,而不是为'首先是日本人'的人准备的。当大多数国民都不说'你这样做还算是日本人吗',而是说'你这样做还算

---

[1] 加藤周一(1919—2008),日本思想家、文明史学家、评论家、小说家。生于东京都,毕业于东京大学医学部。曾任东京都立中央图书馆馆长,上智大学、哥伦比亚大学、柏林自由大学教授,以及立命馆大学、耶鲁大学、日内瓦大学、布朗大学、剑桥大学、加利福尼亚大学客座教授等职。20世纪50年代中期,加藤提出了"日本文化杂种论""日本集团主义文化",并推出力作《日本文学史序说》,成为日本思想和文学研究的经典。

是人吗'的时候，宪法才会有效，人权才会被尊重，这个国家才能找到切实通向和平与民主的道路。"(《羊之歌》)

首先，人就是"人类"。这就是说，相对属于日本而言，我首先是属于人类。这并非时间上的先后问题。日本人是人类，而人类不一定是日本人，这理所当然。但是，不存在不是人类的人，也不存在只是"日本人"而不是"人类"的人。如果没有意识到自己属于人类，是人类这个共同体中的一员，也许只能理解日本固有的价值观了。因为生在日本、长在日本的人，已经把日本这个共同体的价值观作为常识来掌握，所以有的时候很难理解属于有着不同价值观的其他共同体的人。

关于这种理解，弗洛姆是这么说的："人之所以能够理解他者，是因为大家都共同'享有'（share）人类存在的要素。"(《人心》)

"人类存在的要素"就是"人性"。即使是在知性、才能、身高、肤色等方面各有不同，但"人类的条件"只有一个，也就是人性，对所有人而言都一样。**正因为所有人都共有人性，所以才能够理解他人。**

弗洛姆还说，为了理解他人，必须成为"陌生人"。所谓"陌生人"，指的就是不以特定的共同体为归属，而是以世界为家，成为世界市民。**如果局限于自己所属的文化和社会，就看不到对方与自己所共有的东西（人性）了，也就不可能理解对方。**

因为陌生人属于"人类",所以,无论属于哪个共同体的人,陌生人都可以将其视为"人类"去理解。

那么,我们怎么做才能看到这种人性呢?弗洛姆做了说明。他说:"我们的意识总是表现出我们所属的社会与文化,而我们的无意识则表现了存在于每个人内心的普遍性的人。"(《人心》)

弗洛姆把"人性"替换成了"普遍性的人"。如果不把所有人都共有的人性上升到意识层面,我们就无法知晓。如果能够让这种共有的人性变成意识,那么我们就可以体验到自己内心存在的所有人性了。**我们既是罪人也是圣人,是孩子也是成人,是理智的人也是疯狂的人,是过去的人也是现在的人。**

如果体验了所有的人性,我们就可以明白"我就是你"(《人心》)的意思了。比如说,看到有人在犯罪时,我们想到的就不是自己不会做这种事,而是会想自己处于同样的情况下的话,也许会做出同样的事来。

如果能想到不只是父母会感到焦虑、愤怒,孩子也一样,就可以把焦虑和愤怒看作父母与孩子共有的人性去理解,亲子就可以相互协助去克服了。如果预先认为愤怒、焦虑、犯罪这些事情都与自己无关,我们就不可能对此产生共情,也就不可能理解这样的人了。

"共同体"不是排除异己的理由

到目前为止,我们探讨了表现"共同体感觉"的 Mitmenschlichkeit、social interest 等词,而阿德勒最初使用的是 Gemeinschaftsgefühl 一词。

值得注意的是,阿德勒所说的"共同体"是"礼俗社会"（Gemeinschaft）。这是一种与"法理社会"（Gesellschaft）相对照的共同体。法理社会是目的明确、注重利益的社会。而"礼俗社会"一词原本所表现的社会形态是,在共同体内部非常团结,面对外部世界时则采取敌对态度。这种社会形态是很难在形成之后再加入的,即便后来者能进入,也只能永远被视为外乡人。

在如今这个时代,依然存在很多这样的礼俗社会。一个封闭的共同体,就想要排除与自己思维不同的人。身在其中的人关系都很好,但"异端者"则受到排挤。比如在宗教发展过程中,正统派别就会排除异端教派。在学术界,虽然是以自由地进行研究为前提，但还是有那种不允许异议存在的封闭型学会（我怀疑，这样的学会能否被称为学会）。在社交网络上，虽然看上去并不明显，但也存在着封闭型群组。在这样的群组里发言，虽然不需要走什么特别的程序，但有时候就算是发言了也会被无视。

封闭型的共同体不会发生变化，因为它不接受外来的异端者，至少是不接受有异议的人。因此，**虽然没有具有新思维的人来动摇已有的共同体，组织很稳定，但是不会有发展。**

阿德勒所说的共同体，不是封闭型的共同体，而是对外在的世界无限开放的。他所说的共同体范围很广，包含自己所属的家庭、学校、职场、国家、人类等，包罗万象，是指过去、现在和将来的人类，甚至包括活着的和死去的在内的整个宇宙。(《理解人性》)

阿德勒并不把共同体看作已有的社会。他说："我绝对不是在谈论当下已有的共同体（礼俗社会）和社会（法理社会），也不是在谈论政治的或者是宗教的形式。"(《心理与生活》)

如果我们从对已有共同体的归属感和所属感来看共同体感觉，而且，这个共同体是不对外部世界开放、不考虑更大共同体的利益的，那就成了极权主义。

我们不能只考虑自己的事。有人号召说要考虑大众的事情，考虑整体的事情。这听起来说得很好，但是觉得比起个人更应该优先考虑整体的人，实际上并没有在为整体考虑。

共同体不仅存在于现在这个时代，还是从过去延续到现在，向着未来，连绵不断地延续到每一代人。所以共同体不仅是现代人之间的关系，而必定与以后出生的每一代人一起共存。也就是说，我们不能只顾现在，不管将来。

之前我们已经说过，Mitmenschlichkeit 的意思是"人与人相互关联（mit）在一起"，是"伙伴"（Mitmenschen）。相互关联的人不只是自己所属的共同体内的人，也可以是共同体之外的人。也可以说，不能只限于共同体内的人。

为何我们会对敌人产生同情

前面我们讲过，阿德勒说的共同体感觉被认为与耶稣说的"爱邻人"的思想是一样的。阿德勒说的 Mitmenschen（伙伴），与"邻人"（Nächster，Nebenmenschen）的意思几乎相同。

换句话说就是，耶稣考虑的也是对外开放的共同体。有位律法学者问耶稣："如何才能获得永远的生命呢？"就这个问题，耶稣反问他："律法上是怎么写的？"律法学者回答说："要尽心、尽性、尽力、尽意爱主你的神；又要爱邻舍如同自己。"耶稣说："你回答得对。你这样行，就必得永生。"学者又问耶稣："谁是我的邻舍呢？"耶稣没有直接回答，而是给他讲了撒玛利亚人的比喻。因为耶稣知道，就算给"邻人"下了定义，也不意味着就能爱邻人了。

于是耶稣回答，有个犹太人遭到强盗的袭击，倒在了路边。有祭司和利未人走过，看见了装作没看到，都从他身边走了过去。只有一个撒玛利亚人看见这个犹太人受伤了，觉得可怜，便上前用油和葡萄酒倒在他的伤口上，包扎好了，并扶他骑上自己的毛驴，把他带到旅店去照顾；第二天，还拿出银子来帮他交了住宿费。对于撒玛利亚人来说，冷待和歧视他们的犹太人本来应该是"敌人"；但是在这位撒玛利亚人看来，受了伤的犹太人是"邻人"。耶稣对学者说："去，你也照样做吧！"

祭司和利未人等看到受伤的人时，觉得血迹污秽，便躲开到路的另一边走了。律法学者知道邻人是什么样的人已经写在律法上了，或许他原以为《圣经》上写了，才必须爱邻人。

但是，撒玛利亚人并不是觉得有义务才去救助犹太人的。对撒玛利亚人来说，冷待和歧视他们的犹太人本应是"敌人"，但他还是去帮助了，这与受到歧视等并无关系，与受伤的是犹太人也没有关系。

有时，我们想帮助别人也无法帮助。现在也有人看到别人倒在路边，却装作没看见就走过去了。可能有人是想去帮忙的，尽管很担心，但要赶去上班，所以还是离开了现场。这位撒玛利亚人也许是放下了手中的工作，去帮助犹太人的。

我将原文翻译为"觉得可怜"，而八木诚一则翻译为"觉得令人揪心"，撒玛利亚人帮助犹太人，并非出于强制或律法上的义务，而是因为觉得令人揪心而上前去帮助的，是"出于人的本性的自然行为"（八木诚一《耶稣的宗教》）。

"耶稣并没有通过'必须在什么条件下，对什么人做什么

事'这种伦理指引的形式来宣扬神的旨意。"(八木诚一《耶稣与现代》)

撒玛利亚人上前帮助受伤的人，与国家或民族毫无关系，也不是出于义务。他帮助的是人。如果在阿德勒所说的广义上去理解共同体，那么撒玛利亚人就不可能因为对方是犹太人而不去帮他疗伤。

古希腊的雅典人在公元前429年的伯罗奔尼撒战争中遭遇了瘟疫。关于这场疫病，在修昔底德的《伯罗奔尼撒战争史》中有详细描写。

一旦染上了这种瘟疫，本来很健康的人也会突然发起高烧，病症很快就扩散到全身，直至死亡。病人的家人也害怕传染上，没有人去护理，只能任病人独自死去。人们对病人的死亡没有表现出悲伤，只是站在那里发愣。有个心怀慈悲的人看到这样的情形感到很羞耻，便奋不顾身地去照看朋友，因此也染病去世了。他看到病人没有任何人看护，独自一人死去，便"奋不顾身地"去帮助受感染者，这样的人与撒玛利亚人想的是一样的吧。

在帮助别人的时候，与需要帮助的人是谁、是哪个国家的人并无关系，也不是出于义务而去帮助的。**如果看到有人遇到了困难，"觉得令人揪心"而伸出了援手，这就足够了。**

脱去铠甲的敌人，同样是肉体凡胎

我们更进一步来看，正如第一章中所说的士兵的例子，在战争状态下，必须有意为之才能唤起仇恨与愤怒，这个事实说明，对他者表示仇恨与愤怒的情感并不是自然而然的。

在电车上看到有人遇到麻烦时，无论他是什么人，我们都会想伸出援手。关于这一点，我们在书中也提到过很多次了。想要帮助对方的时候，我们是不会去问对方是哪国人的。**因为是把对方看作与自己一样的人（humanity），以人性看待对方，所以去帮助。这与对方是不是敌人无关。**

虽然humanity还有"人类"（mankind）的意思，但大家想要去帮助的对象绝不是匿名的，而是具体的人。阿德勒还说："当某个地方有孩子被打了，我们也应该受到批评。这个世界上没有一件事情与我们无关。"（菲利斯·博特《阿德勒传记》）

虽然这个孩子不在我们眼前，但绝不是没有名字的人。孩子被打了，我们能感同身受，是因为自己与他人是共通的，都共有人性。用弗洛姆的话来说，这时"我就是你"(《人心》)。这就是真正的人类爱。

向"敌人"求救,也是我们的本能

有人觉得,看到别人求助,自己肯定伸出援手,但是无法像好撒玛利亚人的比喻中所说的那样,去爱"敌人"。

阿德勒关于爱的思考,与耶稣所说的"也要爱敌人"这种邻人之爱的意思相近。但一位娇生惯养的孩子问他:"我必须爱邻人吗?我的邻人是否爱我呢?"(《自卑与超越》)也许,不是娇生惯养的人也会问:"别人并不爱我,为什么我必须去爱别人呢?"

弗洛伊德对耶稣的邻人之爱是持怀疑态度的。他说,其实如果是说"要像邻人爱你那样去爱邻人",就不会有异议了(《文明及其不满》)。我们在前面提到过,谁都能说"如果你爱我,那我也爱你"。弗洛伊德指出,且不说邻人不是该爱的存在,说正因为是敌人才要像爱自己一样去爱邻人,这种戒规就更不合理了。

人能爱自己的家人或者与自己亲近的人,但若是完全不相干的人，则很难去爱。更何况爱敌人，就更不可能了。一般认为这才是正常的思维方法，但究竟是否如此呢？

弗洛伊德说爱邻人是"理想命令"，违反了人类的本性。他甚至说不认识的人不仅不值得去爱，相反还会引起敌意和憎恨。他问："为什么应该这样做呢？这样做有什么作用呢？首先，这种命令如何实行，是否真能够实行？"（《文明及其不满》）

阿德勒则否定了弗洛伊德的这种问题，他说这是只考虑自己被爱的人才会提的问题，而就算是得不到任何人的爱，也会爱邻人（《自卑与超越》）。

阿德勒说的是"会爱邻人"，但是爱邻人是用不着下决心的。弗洛伊德还举了这样一个例子。他说，如果邻人是朋友的儿子，自己是不可能不爱邻人的；邻人受到痛苦的时候，那位作为父亲的朋友应该也会感到痛苦，所以他也必须分担朋友的痛苦，他想自己会直接去帮助朋友的儿子。

这里所谓的"痛苦"，虽然不是指遭到强盗袭击而受伤那样的情况，但是正如我们前面提到过的，看到有谁遇到困难的时候，我们给予帮助时不会附加条件。也就是说，不会区别对待，只帮助这个人，而不帮助那个人。

求救的人一定是期待得到救援的。而且，人在危急时刻，并不只会向亲友求救，而是对所有人都会发出呼救。前面曾引用过和辻哲郎的论述，他说："人，因为一开始就相信其他人一定会

伸出援手，所以才会求助。"(《伦理学》)

　　正如好撒玛利亚人比喻的故事所说的，有人看到受伤的人会避开走掉，尽管如此，伤者还是信赖别人，相信他们会伸出援手。

　　听到求救的呼喊声，就伸出援手，这就是听到了这种信赖的声音。因此，我们无法装作没听见求救声而离开。

　　如果我们能这样想，可以说耶稣的"爱邻人"绝对不是非现实的呼吁，也没有违背人类的本性。

第十一章

渴望排他性的爱,是一种幻觉

为何"独一无二"的爱,总是昙花一现

要做到在有人遇到困难的时候就去帮助,前提就是我们能与他人共情。这不是说因为他人是"伙伴"所以能共情,而是与他人共情的事实说明他人就是伙伴。我们不能对他人的求救声充耳不闻。不管求救的人是谁,我们都会向他伸出援手,耶稣把这种行为叫作"爱"。

这是关于爱邻人。或许有的人会说,普通的爱不是排他性的吗?不如说,有很多人认为,不爱别人、"只"爱你的这种排他性才是爱的证明。

有的人认为不爱其他人就是爱一个人的证明。有人要求对方如果爱自己,不仅不能爱其他人,就连看一眼都不行。还有人说:"我讨厌那个人,但是喜欢你。"对于只知道这些排他的爱的人,就算跟他说"要爱敌人",估计他也不能马上理解是什么意思。**我认为这种排他性的爱是虚假的关系。**

但是,认为爱是排他性的人,如果他能够回想起当有人向

他求助时，自己确实想去帮助，自己也曾有过得到别人帮助的经历，那么也许他就能意识到那种只爱特定的人、只关心特定的人的排他性的爱，反倒属于特殊情况。

弗洛姆认为，爱是能力的问题，而且是爱的能力的问题。（《爱的艺术》）**这种能力不会只以特定的人为对象，不会排除其他人。**

如果有人说"我讨厌那个人，但是喜欢你"，这不能说明他具有爱的能力。哲学家左近司祥子[1]说，如果你喜欢猫，那么不管是脏兮兮的野猫，还是软乎乎的波斯猫，无论什么样的猫都会觉得可爱。（《真正为了生存的哲学》）真正喜欢猫的人士一定会赞同这种说法吧。照这种说法看，说"我讨厌那个人，但是喜欢你"的人，就不能说是真的爱人了。

对于被爱的人来说，如果对自己表达爱意的人，看到别人遇到了困难却无动于衷地离开现场，那么是不是一点也感觉不到自己会被爱呢？

虽然"恋爱是排他的、只对特定的人的"这种说法有问题，但是恋爱中也确实存在个人化的一面。这就是，**其他人不可替代的独一无二的我，爱上了独一无二的你。**

1　左近司祥子（1938—　），东京大学文学院哲学专业毕业，学习院大学文学哲学教授，学习院大学文学哲学名誉教授。主要著作有《真正为了生存的哲学》《哲学的语言》《猫说不知什么为恶》等。

说"我讨厌那个人，但是喜欢你"的人所爱的"你"，并不是独一无二的你。如果他心情变了，就会立刻爱上别的什么人。因为不是独一无二，所以无论是谁都能替代。

如何才能遇见独一无二的人呢？那可不是在街头和谁擦肩而过就能遇见的。还有，即使是学校或职场的熟人，也不能仅凭这些就算作相遇。

马丁·布伯[1]说，对于人类世界的态度，存在"我—你"关系以及"我—它"关系（《我和你》）。在"我—你"关系中，我以完整人格面对你；但是在"我—它"关系中，我则是把你作为对象（它）来体验的。

在不经语言交流，把人作为对象的"我—它"关系中，对方如同"物"。"我—它"关系与"我—你"关系最根本的区别就是，与对方有没有语言上的交流。

人们可能会遇到这样的情况：虽然是初次见面，却觉得相识已久，进而对这个人产生好感，但并不是这个人与"你"相遇。你只是把心中关于喜欢的人的理想与观念投在这个人身上而已。

---

[1] 马丁·布伯（1878—1965），出生于奥地利，犹太宗教哲学家、翻译家。代表作《我和你》，中文版于2017年由浙江人民出版社出版，译者是杨俊杰。

爱并非排他性的

也许我们认为,如果是自己爱的人,说这个人独一无二也是理所当然的。那么,求救的人是不是谁都可以替代的存在呢?并非如此。

爱原本不是排他性的。只有拥有无论是谁都能去爱的能力的人,才会把自己所爱的人视为独一无二的"你"来爱。这就是爱邻人的原意。

如果眼前有人在求救,这时,这个人就是独一无二的"你"。与这个人的关系不会持续太长,有的人帮助别人后没有留下姓名就离开了。但是,我们想帮助的那个人,在"此时""此地"就是"你"。

求助的人究竟是谁,这不是问题。很多人对于弗洛姆所说的"爱不是对象的问题"而感到吃惊。但是,**如果因为和求助的人不认识就拒绝帮忙,那么这种人是不可能去爱别人的。**

另外,无论是谁都能去爱的人,也不是说要爱着所有的人。

小说《卡拉马佐夫兄弟》中的佐西马长老，借用别人的话讲述了这样一件事情。他说："我爱人类，但我对自己实在大惑不解。因为我越是爱整个人类，对具体的个人，也就是一个一个的人的爱情就越来越淡薄。"（陀思妥耶夫斯基《卡拉马佐夫兄弟》）

如果是为了全人类，即使受难也在所不辞，但是对身边的人，却为了一点小事就产生仇恨。

"这个人还说，我对具体的人越是憎恨，我对整个人类的爱便越是炽烈。"（《卡拉马佐夫兄弟》）

究竟是否存在像那个人所说的，虽然"爱整个人类"，却不能"爱具体的人"那样的事情呢？

爱人类与对个人爱情淡薄，两者之间并不存在什么因果关系。并不是因为对人类的爱增加了，所以对个人的爱就淡薄了。故事是说，因为不爱个人，进而憎恨个人，所以爱人类。

如果将对"人类"的爱与对"个人"的恨对立起来，可能比较难理解，但如果是说对"共同体"的爱与对"个人"的恨，就能明白问题的所在了。

发动战争的时候，需要对敌国表示仇恨与愤怒。比如日本在历史上开展了"英美是鬼畜"的宣传活动，就是因为必须唤起国民对美国和英国的敌意。

但是，人不可能去仇恨不在眼前的人。在"二战"中，也有日本人可能从未见到过美国人和英国人，而现在，就算个人方面没有与美国人、英国人进行过交往，但是估计也不会有人认为他们是鬼畜的吧。

考虑到存在仇恨言论与仇恨犯罪，不能断言没有人会仇恨某个国家的全体国民。仇恨犯罪的人所仇恨的对象，并不是特定的个人。但即便如此，如果说一个人是不是能做到仇恨某个国家的所有国民，那也是不可能的。**无论是爱、恨还是愤怒，本来都只能针对在眼前的人，是对在眼前的人产生了爱或仇恨，或者是感到愤怒。**

唤起对个人仇恨的另一个方法，就是发扬对抽象的共同体的爱。也就是说，对共同体的爱提高了，对个人的爱就降低了，仇恨就增加了。

但这里存在着两个问题。第一个，即使能够爱个人，也不可能爱没有实体的匿名的人和共同体，甚至是人类。第二个，即使是能够爱某个共同体，就像前面提到的佐西马长老引述的人那样，越是爱人类，对具体个人的爱就越淡薄，仇恨就增加，但是因为具体个人也"同样"属于人类，所以不能说爱了某个共同体就不能再爱属于"别的"共同体的人了，更别说要去仇恨，这在逻辑上是说不通的。**把人置于共同体的框架中，去爱或者去恨属于某个共同体的人，那都是错误的。**

束缚，是爱消亡的开始

构成共同体的最小单位就是"我"和"你"。相爱的两个人构成了共同体，这之中的某一方或者双方不会愿意他人挤进来。在这种情况下，两个人的共同体就是排他性的。前面也讲过，很多人觉得谈恋爱排他是理所当然的。但是如果认为"我"和"你"构成的共同体是对外开放的，那么我和你也必须对外开放了。

这样一来，就产生了问题。森有正说："爱追求自由，但自由必然会加深爱的危机。"(《在城门口》)

爱追求自由，是因为人在束缚之外，才能感受到被爱。如果在什么地方、和什么人、做什么事都要被"监视"，人就会觉得自己不被信任，就会感到不被爱了。虽然森有正认为，如果两个人的共同体是对外开放的，其关心就会面向他人，就会加深爱的危机。但是我觉得，正因为自由了，两个人的关系才会更加紧密。而认为若不束缚和控制对方，就不能维持关系的人，或许就不会这么想。

爱不是给予和索取

爱当然不是给予和索取。无论对谁都能伸出援手的人，不会说"因为我帮了你，所以你也要帮我"之类的话。

弗洛姆说："对大部分孩子来说，在八岁半到十岁之间，主要问题就是一心想着被爱，自己的真实模样是否能得到爱。这个年纪的孩子对被爱表现得很开心，但是他们还不会去爱。"（《爱的艺术》）

一直受父母宠爱的孩子，不久也会爱父母。心生爱意这种新的感觉，是孩子在自己的行动中产生的。

"孩子第一次想要'给予'母亲（或父亲）什么东西，或者是想写一首诗，或是想画一幅画什么的。出生以来第一次，爱这个概念开始由被爱向去爱、产生爱转变。"（《爱的艺术》）

这是爱这个行为的一个侧面。那么更幼小、什么都不会做的孩子，就只会接受父母的爱，而不会爱父母吗？

前面我们提到过，八木诚一用"面"这个词对人与他者的关

系进行了说明。(《追寻真正的生活方式》)

人与他人在"面"上相互接触。因为"我"离开了他人就无法生存,所以虚线必须通过他人得到弥补。这个帮"我"弥补虚线的人,也会通过别的人来弥补面的虚线而生存下去。

幼儿哪怕只是一瞬间离开了父母的帮助,都不能生存下去。孩子的一个面是打开的(相当于虚线),由父母来弥补。

不同的家庭有不同的情况。如果说是由母亲专门照顾孩子,母亲的一个面也是打开的。母亲这个打开的面,则由丈夫也就是孩子的父亲来补上。而父亲(丈夫)被打开的面则是由婴儿来补上的。因为父亲一看到婴儿就被治愈了。

有时候缘分到了,也会遇到相爱的人,但这种关系并不是给予和索取。还有,孩子对于父母的爱,也不一定通过行为来表示。即使孩子什么也不做,好好活着,对父母来说就是很开心的事了。孩子不需要为父母做什么事情,也能让父母感受到爱。

不久,孩子长大后,就能通过实际行动对父母表示爱了。按照弗洛姆所举的例子,那就是"'给予'什么东西,或写一首诗,或画一幅画"。我认为,孩子们开始做这样的事情,要比弗洛姆所说的年龄更早些。不过,父母并不是因为孩子为自己做了什么,才明白孩子是爱自己的,而是只要孩子好好活着就很开心了。即使孩子没有为自己做什么特别的事情,父母也能感受到孩子对自己的爱。

如果孩子知道只要自己活着就能得到父母的爱，那么就会明白自己活着就有价值。但是，如果父母觉得孩子不能只是活着，就会对孩子提出一些特别的要求。这样一来，孩子也会为了得到父母的爱，心里想着必须做些什么特别的事情。

于是，父母就会期待孩子能为了满足他们而活着，孩子也会尽量去报答父母的期待。但是，孩子终究无法彻底回应父母的期待。因此，当孩子认为得不到父母的爱时，就会开始反抗，或是陷入绝望。

为了避免出现这样的情况，**父母就必须找到机会向孩子传达信息，告诉孩子只要好好活着就能得到父母的爱，不用想着去特别做什么。**

要做到这一点，父母首先必须认识到"只要活着就有价值"，哪怕这与社会上多数人的想法不一样。**希望父母们能好好想一想，你们希望孩子把爱都还给自己吗？** 就算孩子想把父母给予的爱全部返还给父母，应该也是做不到的。做父母的，也不会那样要求。

控制欲，是爱无能的体现

根据弗洛姆所说，人本来就是孤独的，是从世界中隔离出来的。不堪忍受这种隔离的人，总是寻求脱离孤独，与他人成为一体。问题是，如何恢复这种联系呢？

弗洛姆不赞同按照恢复到母亲与胎儿共生的方式来建立关系。"共生结合"的被动态就是"服从"，能动态就是"控制"。**选择服从的人为了避免孤独，就会放弃自由去服从他人的决定。而实行控制的人则把他人看作自己的一部分，笼络崇拜自己的他者。**

这两种关系的形式，看上去截然相反，但两者谋求的都是"与对方的不完整的结合"（弗洛姆《爱的艺术》）。**虽然这两者都在谋求和人建立关系，却是失去了自己的个性，让自己变得不像自己。**

还有一种克服孤独的方法——弗洛姆认为这才是"正确"的。前文中，我一直用的是"自立"这个说法，而弗洛姆的说法是达到"新的和谐"。**为此就必须提高理性和爱的能力，克服自我中心，去关心他人。**

就我们现在所讲的爱而言，**爱与通常所说的被信任是不同的，爱不是"一体化"，而是以自己与对方的分离为前提的。**在这个基础上，再来克服两人之间的分离。要切实领会这句话究竟是什么意思并不容易。

弗洛姆说："人必须同时寻求靠近和自立，寻求与他人的一体化和独立性及特殊性，这就是人类生存的悖论。"(《自我的追寻》)

这一悖论就是：两人虽然合二为一，却依然是两个独立的个体。弗洛姆对这种悖论的回答就是"生产效率"。虽说是生产，但并不是字面上的制造之意。

没有爱的能力的人，就想控制对方。为了控制，对方必须是软弱的。至少要把对方看成一个软弱的人，使控制正当化。

想通过这种方法控制他人的人，当对方自由了、自立了，想要脱离控制的时候，就会用尽全力去百般阻拦对方。父母会对孩子说"我们都是为你着想"，可这不是爱，而是不允许孩子自立、去自由地生活。恋爱中也会出现同样的情况。

被控制的人、依赖他人的人，就会变成空洞，也就是失去个性。在前文中我们也看到，有的人就是希望这样，不想自己做决定承担责任。于是，控制的人与被控制的人就形成一种"共生"

关系，相互依赖。

但是，**有爱的能力的人，既不会受人控制，也不会控制别人。既不受控制也不去控制的爱，是成熟的爱，是有创造性的爱**。我希望大家注意的是，这里说的不是"被爱"的能力，而是说"爱"的能力。**爱不是"落入情网"的被动式的情感，而是能动性的、有活力的，是"给予"，而不是"被给予"**。

给予什么呢？"给予"（give）并不是"放弃"（give up）。有人觉得如果能得到回报就乐意给予，一旦给予了而看不到回报，就会觉得被骗了。有人认为自己单方面付出就会变得匮乏。**但是，在爱之中，只问耕耘就行。爱不是给予和索取，也不是做出牺牲**。

不过，给予的人能够在他人中"创造"爱。幼小的孩子即便什么也不会做，也能把爱给予周围的人。孩子给予的爱，又会传递给其他人。

在弗洛姆关于爱的论述中，我希望大家关注的是，关于要通过爱去克服的在结合之前的分隔状态，弗洛姆说这种状态是"隔在人和伙伴（fellow-men）之间的墙壁"（《爱的艺术》）。**虽然每个人都是保持自己的个性和完整性再联系到一起的，但无论之间有没有"墙壁"，在彼此之间产生爱之前，人们本来也一直都是伙伴**。

"伙伴"这个词，用德语来表达就是 Mitmenschen，前面我们也提到了，阿德勒也一直在用这个说法。**在通过爱来克服孤独之前，人们就已经是伙伴了。**从这个意义上来说，"人与人（Menschen）本就是联系（mit）在一起的"。但是对很多人来说，他人并不是伙伴，而是"敌人"（Gegenmenschen）。这就是说，他们认为人与人是敌对（gegen）的。**为了使爱成为打破这道墙的力量，成为与他人建立关系的力量，我们必须认识到他者就是伙伴。**

唤起共同体感觉

阿德勒所说的爱的基础是共同体感觉。他说这种共同体感觉是一种"先天的可能性，必须有意识去开发"[《精神症问题》(人はなぜ神経症になるのか)]。

值得注意的是，阿德勒说共同体感觉虽然是先天的，但还只是一种可能性，必须有意识地去开发。共同体感觉与呼吸、直立行走那样自然发展的天资不同，是不能自然掌握的，必须有意识地去开发。

"教育"在德语中是 erziehen，这个词也有"启发"的意思。英语的 educate（教育）一词的语源是拉丁语的 educo，这也是启发的意思。

启发什么呢？就是启发共同体感觉。光这么说很难明白是什么意思，下面我们来按照顺序说明。第一，如前所述，共同体感觉就是"人与人联系在一起"，不把他者视为"敌人"，而是看作"伙伴"。第二，能得到启发的，只有原本就存在的东西。人与生俱来就是和他人联系在一起的，如果不具备这样的感觉，也就不可能启发了。

共同体感觉是一种必须有意识去启发的感觉，承认自己和他人是联系在一起的，他人不是敌人而是伙伴。是否承认，有着很大的不同。为了能认识到自己与他人是联系在一起的，就必须意识到这一点。所谓"启发"就是这个意思。

为什么必须有意识地去开发呢？因为共同体感觉只是停留在可能性的层面，如果不去有意识地开发，很多人就会只关心自己了。

正因如此，就像我们前面所探讨的，阿德勒说"对自己的执着"（Ichgebundenheit）是个体心理学的核心攻击点（《个体心理学讲座》）。所谓"对自己的执着"，意思就是"将所有一切都与自己联系（binden）在一起"。

那么，怎么才能启发人们去关心他人呢？

首先，不批评。人在受到批评时就会把他人看作敌人，就不会去关心他人了。而对他人漠不关心的人，是不会认为自己与他人联系在一起的。

其次，不表扬。人在受到表扬后，当关心他人施以援手的行为没能得到认可时，就不会再去做正当的事了。这样的人就会只关心自己了。

既不能批评又不能表扬，那该怎么做才好呢？对他人或自己的贡献表示关注就行。阿德勒说："我们只有在认为自己是有价值的时候，才会产生勇气。"(《阿德勒演讲集》)那么，我们什么时候会认为自己是有价值的呢？那就是感到自己做的事情起到了作用，也就是感到自己有贡献的时候。**我们认为自己是有价值的，就能够走进人际关系，走进与人的关联中。这种关联不是强制的，而是自发形成的，这才是真正的关系。**

第十二章

去建立真实的关系

切断关系的勇气

我们不可能离开和他人的联系而只靠自己活着。**人与人联系在一起，是"人"本来的生存状态**。但是，人际关系也是烦恼的根源。与人产生关联，总会以某种形式发生摩擦，有时还会受到伤害。

但从另一方面来说，**生存的喜悦和幸福，也只能在与他人联系的过程中才体验得到**。正因如此，我们必须走进人与人的关系中。然而，进入关系以后，我们应该建立怎样的人际关系呢？**不是去建立依赖与控制的关系，而是要建立自立的关系，必须走自己的人生道路**。这些我们在前面都讲述过。

我们必须有勇气斩断依赖和控制的关系。虽然有的人会主动去服从某些人，但有的人却是在不知不觉中被拉入了某种人际关系中，或者是差一点被拉入某种关系。**一旦发觉，就没有必要再与那些人保持联系了，必须有切断关系的勇气**。

但是，大家都希望与值得联系的人保持联系，与真正想见的人见面。前面也写了，能见面但不去见，想见又见不着，两者是不同的。见不到因新冠肺炎住院或隔离的家人，是很难受的。实际上，疫情期间，大家有很长一段时间见不到面，不过这也给了我们机会去看清，什么人是自己真正想见的，什么人不一定要见面。即使疫情结束，人际关系也没有必要再恢复到以前那种形式了。

让你幸福的事，才是重要的事

　　为了看清人际关系，就必须先理解什么是幸福。 虽然我们为了生活必须去工作，但也没有必要为工作上的人际关系花太多精力。当然，人们可以和在工作中认识的人成为朋友，其中有的人还会和同事结婚。但那只是因为在工作中认识而变得亲密起来，在工作层面则不一定要和人深交。

　　人必须有一些能意识到人生有限的经历，才能更好地理解这一点。 比如生病倒下，有了这样的经历，曾经的工作狂也必须重新审视自己的人生了。当然，说必须有这样的经历，有点言过其实，但很多人即使有这样的经历，到身体恢复健康后，又马上忘记了曾经的病痛。不过，如果经历过铺设在眼前的人生道路突然消失这种事情，有的人确实会改变自己对人生和工作的看法。

　　在我因心肌梗死倒下住院的时候，有一位护士对我说："有的人最多也就是被抢救过来而已。你可要想想今后的事情，好好休息啊。你还年轻，就当作重新活一次，努力加油吧！"

　　听了这话，我开始考虑出院以后的人生中什么最重要，决心从头再活一回。简言之，就是"要怎么活"。

最近，我在电视节目上看到对一位妻子刚去世的男士的采访。他说其实工作什么的都不重要。因为他把工作与妻子的优先顺序搞错了。

我曾经在某家公司管理层的研修课上做演讲。因为是公司组织的研修，听众并不是想听讲演者说什么才来参加的，所以，那天在我讲演的时候，大部分人都是听得很无聊的样子。但是，当我说到"人不是为了工作而活着，而是为了活着而工作"时，很多人突然一下子躁动起来，其中还有人开始挺直身体听讲。

一说"人不是为了工作而活着"，很多人就会反驳说："不工作，不就没饭吃了吗？"确实如此，但是，如果出现了太过劳累而倒下，或是工作调动导致全家人不得不分开生活等情况，就会不知道自己工作究竟是为了什么。公司也许要求职工与公司维系在一起，但对于个人来说，自己的人生才是最重要的，应该维系在一起的不是公司。**很多人之所以拼命工作也感觉不到幸福，就是因为没有与真正应该在一起的人联系在一起。**

活着本身就是价值

三木清说:"幸福关系到生存,而成功关系到过程。"(《人生论笔记》)

这句话的意思是,**即使没有取得任何成功,此刻活着就是幸福的。**当我们说"人是为了生活而工作"时,"生活"本身就意味着"幸福地生活"。**如果活着就是幸福,那么无论工作不工作,人本身就是幸福的。**

若是这样,那么"明明在工作却不幸福"这种说法就很奇怪了。**人生中没有什么事情是非得牺牲幸福才能成就的。**

研修课上听我演讲的管理层人士,估计都是从年轻时一路拼搏过来的。这般拼命工作,应该是为了在和别人的竞争中获胜并升职吧。实际上,他们也是在竞争中获得了胜利,取得了成就。他们在进公司之前,就已经为了获得成功,以考取名门大学为目标而努力学习了。

开头所引三木清的话还有后半句,他说"成功"关系到过程。他的用词有着特别的意味，与一般的意思不同。他的意思是，相对于活在当下就是幸福而言，成功是必须完成某件事情。幸福是指当下这一刻，而成功则是一条直线，为了成功，必须经历到达成功的过程。

问题是，能否成功是未知的。而且，即使说完成某件事情就是成功，也不是终点，下一个目标马上就出现了。这样一来，**认为成功才能获得幸福的人，或许能感受到瞬间的幸福，但又必须朝着下个目标推进了。成功如同海市蜃楼，即便当下有所成就，这种感觉也会在顷刻间消失。**

于是，一眨眼就到了退休年龄。有的人会觉得，在持续工作不断取得成功的时间里，自己是有价值的，一旦退休不工作了，自己就不再有价值了。这是因为一直以来，他都是从完成工作中找到自身价值的。

有位担任过银行总行行长的男士，八十多岁时脑梗塞住院了。他身体动不了，感到很绝望，认为自己已经没有生存的价值了，叫喊着："杀了我吧！"这让他的家属很苦恼。

当然，他一辈子都在拼命地工作，一直奋斗到了总行行长这个位置，他的人生不是没有价值的。他即使不工作了，身体动不了，也不会失去价值，因为活着就有价值，这与他在工作的时候是一样的。他可能认为自己在工作时是有价值的，但那也并不是因为在工作所以才有价值。并不是任何人都能工作的，也不是工作了就一定能成功。有时候因为年纪大了,生病了,所以干不了工作了。即使是年轻人,生病了也许就不能工作了。

不过,这些都没有关系。总之,**如果你觉得只要活着就有价值,就是幸福的,那么即使不再工作,也能够在每天的生活中感受到幸福**。而且,即使是因退休或出于其他原因不工作了,结果和很多人都不再联系了,自己的价值也不会因此消失,人不会因此变得不幸。

年老意味着被社会孤立吗

但是，很多人不这么想，觉得自己老了以后或者退休以后也必须干些什么，要和人保持联系，因此最好找些什么兴趣。我并不想否定这样的生活方式，但如果有人劝我说还是与人保持联系比较好，我就会觉得这也是一种强制性联系。

我们去各地的社区看一看，有的人不能适应头衔、职位已经毫无意义的状态，感到很不自在。因为已经不工作了，就不必非得进入人际关系之中。**既然已经从人际关系中解放出来，远离竞争和评价，变得自由了，那就可以慢慢考虑今后要如何生活了。**

我很清楚地记得，读高中时教我们伦理社会科目的老师说："等不工作了，就要把年轻时买了囤着的书拿出来读读。"遗憾的是，那位老师在退休前就去世了，没能过上他希望中的老后生活。

在退休之前，有两件事情可以先做起来。

一是，在退休前，虽然客观来说会受到时间上的限制，但是

如果自己有什么想尝试去做的事情，不要犹豫，可以先做起来。如果做这些事不是为了和人建立关系，纯粹是出于自己的好奇心，那么等到退休以后也不会感到不安了。

二是，**要知道，人的价值不在于有多少生产力，或创造了什么经济效益**。比如你在生病时，不管愿不愿意都必须换一种思考方式。即使是没生病，**当你知道还有常识之外的思考方式时，人生或许也会有别样的风景。**

不依赖、不操纵，我们可以彼此共鸣

自立，并不是与他人之间毫无关系地活着，而是在同他人的联系中生活。但是，如何才能既不受人控制，也不依赖他人，而是保持着自己的完整性和别人建立关系呢？这是弗洛姆提出的问题，但是他似乎对此没有明确的答案。

我们该怎么做呢？——"共鸣"，既可以影响到他人，也能受到他人的影响。有时候，与他人共鸣也能让自己发生改变。

幼小的孩子只要活着就可以影响到大人。有的人一看到孩子的笑脸，就会被治愈，而孩子这时并没有主动想着去治愈大人。孩子一出生，不可能会自发地想给周围的人带去什么影响，但是家里人不由自主地会受到很大的影响。

读书也会让人受到深刻的影响。但是，作家既不认识读者，读者也不会直接认识作家。而且，有的时候作家已经去世了。即便如此，当你读了一本书而深受触动时，就可以说作家是保持着自己的完整性，唤起了读者的共鸣。这种情况不仅存在于孩子和大人的关系,以及作家和读者的关系中,在任何人际关系中都存在。

巴甫洛维奇·契诃夫有一部叫作《大学生》的短篇小说。其中写,瓦西里萨一边烤着篝火一边听神学院大学生伊凡讲述使徒彼得的故事,然后悲伤地哭了起来。这个故事讲到,耶稣被捕的时候,彼得因为害怕危及自身,不想被认为是和耶稣一伙的,所以三次否认说:"我不认识这个人。"当彼得第三次否认和耶稣认识后,鸡叫了。这时,彼得回想起凌晨耶稣曾对他说过"今日鸡还没有叫,你要说三次不认得我",于是伤心痛哭。

伊凡认为瓦西里萨之所以哭,是因为一千九百年前发生的事情与此刻有关系,"他是这样想的:过去与现在,是由连绵不断发生的一连串事件的锁链紧紧联系在一起的。于是,他觉得自己在此时此刻似乎看到这条链子的两头,只要有一头震动,另一头就会被惊动颤抖"。[《大学生》,中译本收录于《契诃夫小说全集》(第9卷)]

伊凡觉得,既然瓦西里萨哭泣,那么一定是从发生在彼得身上的事情中想到了什么,是因为她将心比心。小说中没有写这具体是怎么回事,估计是当瓦西里萨听了伊凡讲述的关于彼得的故事,对发生在彼得身上的事情感同身受吧。或许她回想起自己和彼得一样,曾经也背叛了自己所爱的人。或许她想到,既然彼得能得到耶稣的原谅,自己的罪过也会被原谅吧。也就是说,彼得的经历穿过时空,得到了瓦西里萨的"共鸣"。

勇于求助，也是一种自立

人是在和他人的关系中生存的。一个人的存在一定会通过共鸣这种形式去影响他人，就算什么都不做，也一定会对他人有所贡献。

虽然我们有时是对他人有所贡献，但在必要时也必须向他人寻求帮助。任何人都不是一开始就能自立的。在生活中，我们小时候必须不断得到父母的帮助，然后才慢慢地能靠自己做很多事情。

这就像是滑翔机，它在起飞时，需要由其他的飞机或汽车牵引着，当飞到空中以后，切断牵引金属线再开始自己滑翔。**孩子总有一天会自立，但并不是一开始就能依靠自身的力量在空中滑翔的。**

一开始就想着什么事情都由别人来为自己做，这是依赖。等自己有能力了，就必须由自己来做。如果你觉得依赖他人生活并非理所当然，那么在求助之前，应该先尽力去做自己能做的一切。有的人甚至会尝试去付出超出自己能力范围的努力。**但是在遇到自己做不了的事情时，可以向别人寻求必要的帮助，而且也必须寻求帮助。**

有时，就算在切断了牵引金属线开始滑翔后，也需要他人的帮助。完全不受任何人的帮助，只靠自己活着是很难的。这不仅仅是说孩子，成人也一样。**自己不会做的事情就要承认不会，并能告诉别人，这也是自立。因为人的价值就在于活着，所以向人求助并不会减少你的价值。**

人不会因为得到了帮助马上就变得依赖他人。你可能也有这样的经历：看到什么人想要站起来的时候，就马上过去帮忙。这种行为既不会剥夺对方的自立心，对方也不会因为得到了你的帮助而变得依赖，因为他不会就此想着以后再也不靠自己站起来。

把他人当成"盟友"

为了能接受他人的求助,就必须认识到他们都是"伙伴",必要时可以向这些伙伴求助。前面我们讲过了,任何人都不会拒绝这种求助的。

我在因心肌梗死住院后,于下一年接受了冠状动脉搭桥手术。这是一场大手术,需要让心脏停跳,接通呼吸机。手术中,胸骨是被切开的,术后为了保护金属丝缝合的伤口,胸口必须用绷带包扎起来。

我出院以后,有时外出必须乘坐挤满乘客的电车,就会觉得很难受,希望有人能给我让座。因为是夏天,本来就直接贴在皮肤上的绷带又粘在了衣服上,就算有人察觉到了我胸口的绷带,但谁也不知道那是什么东西,结果还是没有人给我让座。

其实,我一想到开口说"请让个座"会被旁人怎么看待,就再也说不出口了。不用多想,如果情况相反,有人对我说"请让个座"的话,我会不问理由就让座的。

从我一直以来从事心理咨询工作的经验来看，来做咨询的男性很少。可能有人会想：为什么非得听你说不可呢？有的人或许是不想让别人看到自己的软弱。他们觉得无论怎么辛苦，都必须靠自己的力量去解决，于是一忍再忍，最后到了某一天，早上刚起床，身体就动不了了，不能去公司上班了。对于被逼得走投无路想去死的人来说，要不要寻求帮助是决定生死的，所以，必须拿出向他人寻求帮助的勇气。

只有真实、平等的关系，才能让我们度过苦难

工作就必须拿出结果，但是未必在一开始或者一直都能拿出期待的结果。在我因心肌梗死住院的时候，收到了预定出版的校对样稿。我对出版社编辑隐瞒了住院的情况，进行了校对。因为我心里想的是，如果说了因为正在住院不能进行校对，那么他们就不会再找我约稿了。不过，如果我说了正在住院，想必应该是可以延期交稿的。万一出版社编辑说无论如何都必须在预定日期前完成校对的话，那么我也可以拒绝约稿，我却勉强自己做了校对。

我之所以会这么做，还是因为不相信他人。住院的时候，我给我工作的学校打了电话。没想到接电话的老师跟我说："无论如何希望您能早日康复。我们等着您。"我真的非常感谢。虽然只是每星期去上一次课，但那位老师对我说，无论是要一周还是半年才能康复，我们都"等着您"，这让我觉得虽然在工作上不能做贡献了，但是自己的存在依然得到了认可。

住院期间，我还在其他学校授课。我也是刚住院就给他们打电话了，结果马上就被解雇了。从学校方面来讲，必须再找一位立刻就能来上课的老师。对前面那所学校而言，我是无可替代的老师，而后面这所学校则判断需要有人来代我的课。虽然我明白，无论做什么工作，认为没人能替代自己肯定是错的，但这件事也让我看到，我和那所学校只是工作上的关系而已。而有个学校对我说会等我康复，这让我明白了，虽然只是工作上的关系，但我们能够建立真正的关系。我康复以后，虽然学校没有强迫我去，但我决定还是继续去这所学校工作。

现在，回想起当时的情形，那时我所经历的事情，适用于所有的人际关系。我担心如果说了自己住院了不能校对，也许会失去工作，这就是对控制的屈服。有的人和我一样，即使在因为身体不好等不能工作时，也无法安心休息。

现在估计已经没有公司会下命令，说无论发生什么事情都必须到岗了。但是，假如还有这样的公司存在，按照本书中一直用的说法，就是要建立强制关联了。

自立的人在生病或遇到什么事情的时候，因为知道对自己而言什么更重要，所以他们不会屈服于控制。至于工作，即使现在能做贡献，也没人知道自己究竟能工作多久。因此，**只要我们明白自己存在就能对他人有所贡献，在必要的时候就可以向他人寻求援助，而不会屈服于仅限工作的关系，能做到当断则断。**

真正的关系，不是以自我为中心的操控或依赖，而是人人都能保持独立且相互联结，对需要帮助的人能伸出援手，必要时，也敢于向他人寻求援助。只要我们相信，人与人之间是能够建立真正的关系的，那么，无论在多么黑暗的时空中，我们都能好好活下去。

参考文献

[1] Adler, Alfred. "Schwer erziehbare Kinder", In Adler, Alfred. *Psychotherapie und Erziehung Band I*, Fischer Taschenbuch Verlag, 1982.

[2] Adler, Alfred. *Über den nervösen Charakter: Grundzüge einer vergleichenden Individualpsychologie und Psychotherapie*, Vandenhoechk & Ruprecht, 1977.

[3] Ansbacher, Heinz L. and Ansbacher, Rowena R. eds., *Adlers Individualpsychologie*, Ernst Reinhardt Verlag, 1982.

[4] Bottome, Phyllis. *Alfred Adler: A Portrait from Life*, Vanguard Press, 1957.

[5] Burnet, J. ed. *Platonis Opera*, 5 vols., Oxford University Press, 1907.

[6] Freud, Sigmund. *Das Unbehagen in der Kultur*, Fischer Taschenbuch Verlag, 1994.

[7] Fromm, Erich. *The Art of Loving*. George & Unwin, 1957.

[8] Fromm, Erich. *Man for Himself*. Open Road Media, 2013.

[9] Fromm, Erich. *On Disobedience*, Harper Perennial Modern Classics, 2010.

[10] Fromm, Erich. *The Heart of Man*, American Mental Health Foundation Inc. 2010.

[11] Fromm, Erich. *The Sane Society*, Open Road Media, 2013.

[12] Hude, C. ed. *Herodoti Historiae*, Oxford University Press, 1908.

[13] Laings, R.D. *Self and Others*, Pantheon Books, 1961.

[14] Pohlenz, M. ed.Cicero, *Tusculande Disputationes*, De Gruyter, 1998.

[15] Sontag. Susan. *At the Same Time*, Penguin Books, 2008.

[16] Stone, Mark and Drescher, Karen eds., *Adler Speaks: The Lectures of Alfred Adler*, iUniverse, Inc.. 2004.

[17] *The New Testament in the Original Greek*, Introduction and Appendix the Text;

Revised By Brooke Foss Westcott and Fenton John Anthony Hort, Forgotten Books, 2012.

[18] 김연수. 청춘의 문장들 +. 마음산책, 2014.
[19] 김연수. 세계의 끝 여자친구. 문학동네, 2009.
[20] アドラー，アルフレッド. 生きる意味を求めて. 岸見一郎訳，アルテ，2007.
[21] アドラー，アルフレッド. 教育困難な子どもたち. 岸見一郎訳，アルテ，2008.
[22] アドラー，アルフレッド. 人間知の心理学. 岸見一郎訳，アルテ，2008.
[23] アドラー，アルフレッド. 性格の心理学. 岸見一郎訳，アルテ，2009.
[24] アドラー，アルフレッド. 個人心理学講義. 岸見一郎訳，アルテ，2012.
[25] アドラー，アルフレッド. 子どもの教育. 岸見一郎訳，アルテ，2014.
[26] アドラー，アルフレッド. 人はなぜ神経症になるのか. 岸見一郎訳，アルテ，2014.
[27] アドラー，アルフレッド. 人生の意味の心理学. 岸見一郎訳，アルテ，2012.
[28] 池澤夏樹. イラタの小さな橋を渡って. 光文社，2003.
[29] 加藤周一. 羊の歌. 余聞. 筑摩書房，2011.
[30] 岸見一郎. 愛とためらいの哲学. ＰＨＰ研究所，2018.
[31] 岸見一郎. 嫌われる勇気. ダイヤモンド社，2013.
[32] 岸見一郎. シリーズの世界の思想　プラトン　ソクラテスの弁明, **KADOKAWA**，2018.
[33] 岸見一郎. 怒る勇気. 河出書房新社，2012.
[34] 岸見一郎. エーリッヒ・フロム. 講談社，2022.
[35] 岸見一郎. 医師と患者は対等である. 日経ＢＰ，2023.
[36] クライトン，マイクル. トラヴェルズ（上）. 田中昌太郎訳，早川書房，2000.
[37] グロストン，でーヴ. 戦争における人殺しの心理学. 安原和見訳，筑摩書房，2004.
[38] 左近司祥子. 本当に生きるための哲学. 岩波書店，2004.
[39] ソン・ウォンピョン. 三十の反撃. 矢島暁子訳，祥伝社，2012.
[40] 田邊元. 歴史的現実. 岩波書店，1940.
[41] チェーホフ. 学生. 馬のような名字. 浦雅春訳，河出書房新社，2015.

[42] ドストエフスキー．カラマーゾフの兄弟．原卓也訳，新潮社，1978.
[43] ブーバー，マルティン．我と汝・対話．田口義弘訳，みすず書房，1978.
[44] ペ・ミョンフン．誰が答えるのか?．キム・エラン他著目の眩んだ者たちの国家．矢島曉子訳，新泉社，2018年所収．
[45] 三木清．人生論ノート．新潮社，1954.
[46] 三木清．正義感について．三木清全集．岩波書店，1967年，第15巻所収．
[47] 三木清．時局と学生．三木清全集．岩波書店，1967年，第15巻所収．
[48] 三木清．語られざる哲学．三木清全集．岩波書店，1968年，第18巻，三木清，人生論ノート．KADOKAWA，2017年所収．
[49] 森有正．バビロンの流れのほとりにて．森有正全集1．筑摩書房，1978年所収．
[50] 森有正．流れのほとりにて．森有正全集1．筑摩書房，1978年所収．
[51] 森有正．城門のかたわらにて．森有正全集2．筑摩書房，1978年所収．
[52] 八木誠一．ほんとうの生き方を求めて．講談社，1985.
[53] 八木誠一．イエスと現代．平凡社，2005.
[54] 八木誠一．イエスの宗教．岩波書店，2009.
[55] 渡辺一夫．狂気について．岩波書店，1993.
[56] 和辻哲郎．倫理学(二)．岩波書店，2007.